SOLVING LINEAR EQUATIONS

(algebraic one-variable linear equations)

Masroor Mohajerani, PhD

Masroor Mohajerani - write to:

masroormo@gmail.com

Paperback ISBN

9798680231708

Contents

Preface

This book is designed for junior high school students. The best way to use this book is to try to solve each example before reading the answer. Remember you will learn Math by doing it. You will find it more useful if you do not use a calculator. A step-by-step solution is provided in a concise form for all examples. Different types of questions are provided in this book to cover all variety of questions you might face during school studies. All examples are numbered. In case you do not understand any solution or you need more explanation feel free to contact me at masroormo@gmail.com.

Masroor Mohajerani, Ph.D.
Toronto, Ontario
August 2020

Concepts

Algebraic Term: Part of an algebraic expression; often separated from the rest of the expression by an addition or subtraction symbol (e.g., the algebraic expression $2x^2+3x+4$ has three terms: $2x^2$, $3x$, 4

Variable: A variable is a letter used to show a quantity that can change. Any letter can be used but x is the most common.

Degree of a term: for a power with one variable, the degree is the variable's exponent; when these is more than one variable, the degree is the sum of the exponents of the powers of the variables (e.g., x^4, x^3y, x^2y^2 all have degree 4)

Coefficient: The factor by which a variable is multiplied (e.g., in the term 5x, the coefficient is 5).

Constant: those numbers on their own without variables are called constants.

The simplest type of equation is a linear equation which means that the highest exponent of the variable is one. In one variable linear equation the equation is equivalent to "ax+b=0" or "ax=-b" where "a" and "b" are real numbers and x is the variable.

Note that in many cases equations are as simple as ax+b but when you simplify them you can arrange them in the form of ax+b=0 or ax=-b.

As mentioned earlier variables can be any letter but x is the most common one. You might deal with other letters such as y, z, m, n, k, p, q, r, s, u, v, a, b, and so on.

Important notes for solving linear equations:

1. Simplify each side of the equation as much as possible, collect all the variable terms on one side of the equation, collect all the constant terms on the other side of the equation.
2. When you move any term from the right hand side of the equation to the left hand side of the equation the sign of that term will change and vice versa.
3. What we do to one side of an equation we have to do the same operation to the other side of the equation. It means that if we for example multiply left side of the equation by 2 we have to multiply the right side by 2 as well.
4. For solving equations, we keep all terms with the variable in on one side of the equation (coefficient and variable) and all constants on the other side.
5. We can add any number to both sides of the equation which means if a=b then a+c=b+c
6. We can subtract any number from both sides of the equation which means that if a=b then a-c=b-c
7. We can multiply both sides of the equation by any non-zero number which means that if a=b then ac=bc. For example, If the equation contains any fractions, we can use the least common denominator to clear the fractions. Sometimes we need to multiply both sides of the equation by the reciprocal of the coefficient if it is a fraction.
8. We can divide both sides of the equation by any non-zero number which means that if a=b then a/c=b/c. We usually just divide both sides of the equation by the coefficient if it is an integer.
9. Verify your answer if you have time, substitute the solution into the original equation to make sure the result is valid.

Cross-multiplication: it is a method to speed up the calculation. Cross-multiplication is a very important method with lots of applications in real life problems (basically any case that you deal with ratio and comparison). Whenever you have only two fractions on both sides of the equation you can use cross-multiplication. We can use cross-multiplication by multiplying the top of the first fraction by the denominator of the second fraction and then multiply the top and of the second fraction by the bottom number that the first fraction had. Set the two products equal to each other and then solve it for the variable.

Example 1:

$x + 6 = 3$

Answer:

Step 1: we need to keep the variable "x" on the left hand side of the equation and move "6" to the right side of the equation (note 1) which turns into "-6" because it moves from one side of the equation to the other side (Note 2). So the equations will change to:

$x = 3 - 6 = -3$

So the answer to the equation is "-3". In other words, the x is evaluated to be "-3". This type of linear equation is called a one-step equation.

Example 2:

$2x - 1 = 5$

Step1: we need to keep the variable term "2x" on the left hand side of the equation and move "-1" to the other side of the equation so "-1" changes to "+1".

$2x = 5 + 1 = 6 \Rightarrow 2x = 6$

Step 2: in order to isolate the variable we need to divide both sides of the equation by 2 (Note 8).

$\frac{2}{2}x = \frac{6}{2} \Rightarrow x = 3$

This type of linear equation is called a two-step equation.

Example 3:

$2x - 23 = 12 - 3x$

Step 1: we need to keep the variable terms on one side of the equation (for example left hand side). It means that we need to move "-3x" from right hand side of the equation to the left hand side so it will change to "+3x". we also need to move the constants on the other side of the equation (in this example right hand side). So "-23" moves to the right hand side and becomes "+23".

$2x + 3x = 12 + 23$

Step 2: then we collect the like terms

$5x = 35$

Step 3: we need to isolate x, so we divide both sides of the equation by 5.

$\frac{5x}{5} = \frac{35}{5} \Rightarrow x = 7$

This type of linear equation is called a multi-step equation.

Example 4:

$\frac{x}{3} = 6$

Step1: in order to isolate the variable we need to multiply both sides of the equation by 3.

$\frac{x}{3}(3) = 6(3) \Rightarrow x = 18$

Example 5:

$\frac{x+1}{3} = \frac{x-1}{2}$

We can use cross-multiplication method. So we multiply the numerator on one side by the denominator of the other side, and make the two products equal to each other.

$2(x+1) = 3(x-1) \Rightarrow 2x + 2 = 3x - 3 \Rightarrow 2 + 3 = 3x - 2x \Rightarrow x = 5$

One-step Equations:

Example 1

$x + 1 = 3$

$x = 3 - 1 = 2 \Rightarrow x = 2$

Example 2

$x - 1 = 5$

$x = 5+1 = 6 \Rightarrow x = 6$

Example 3

$2 + x = 10$

$x = 10 - 2 = 8 \Rightarrow x = 8$

Example 4

$14 = m - 4$

$14 + 4 = m \Rightarrow m = 18$

Example 5

$26 = 8 + y$

$26 - 8 = y \Rightarrow 18 = y$ or $y = 18$

Example 6

$15 + a = 23$

$a = 23 - 15 = 8 \Rightarrow a = 8$

Example 7

$x + 4 = -12$

$x = -12 - 4 = -16 \Rightarrow x = -16$

Example 8

$x - 9 = -13$

$x = -13 + 9 = -4 \Rightarrow x = -4$

Example 9

$m - 15 = -27$

$m = -27 + 15 = -12 => m = -12$

Example 10

$-104 = 8y$

$\frac{8y}{8} = \frac{-104}{8}$ => $y = -13$

Example 11

$-6 = \frac{x}{18}$

$(-6)(18) = \left(\frac{x}{18}\right)(18) => x = -108$

Example 12

$3 + b = 8$

$b = 8 - 3 = 5 => b = 5$

Example 13

$-14 + x = -8$

$x = -8 + 14 = 6 => x = 6$

Example 14

$x - 6 = 14$

$x = 14 + 6 = 20 => x = 20$

Example 15

$m - 6 = -5$

$m = 6 - 5 = 1 => m = 1$

Example 16

$p + 16 = 9$

$p = 9 - 16 = -7 => p = -7$

Example 17

$-16 + m = -15$

$m = -15 + 16 = 1 \Rightarrow m = 1$

Example 18

$-17 = x + 15$

$-17 - 15 = x \Rightarrow x = -32$

Example 19

$m - 8 = -10$

$m = -10 + 8 = -2 \Rightarrow m = -2$

Example 20

$x + 11 = 20$

$x = 20 - 11 = 9 \Rightarrow x = 9$

Example 21

$18 + n = 8$

$n = 8 - 18 = -10 \Rightarrow n = -10$

Example 22

$-7 + x = 8$

$x = 8 + 7 = 15 \Rightarrow x = 15$

Example 23

$S - 6 = 13$

$S = 13 + 6 = 19 \Rightarrow S = 19$

Example 24

$-5 = -5 + m$

$-5 + 5 = m \Rightarrow m = 0$

Example 25

$13 = 5 + n$

$n = 13 - 5 = 8 \Rightarrow n = 8$

Example 26

$6 = -2.4 + x$

$x = 6 + 2.4 = 8.4 \Rightarrow x = 8.4$

Example 27

$-3.3 = x + 5.2$

$x = -3.3 - 5.2 = -8.5 \Rightarrow x = -8.5$

Example 28

$b - 6.2 = -4.2$

$b = 6.2 - 4.2 = 2 \Rightarrow b = 2$

Example 29

$a + 1 = 1$

$a = 1 - 1 = 0 \Rightarrow a = 0$

Example 30

$2 + b = 11$

$b = 11 - 2 = 9 \Rightarrow b = 9$

Example 31

$5 - c = 1$

$c = 5 - 1 = 4 \Rightarrow c = 4$

Example 32

$2x = 4$

$\frac{2x}{2} = \frac{4}{2} \Rightarrow x = 2$

Example 33

3x = –6

$\frac{3x}{3} = -\frac{6}{3}$ => x = –2

Example 34

–48 = 8c

$\frac{-48}{8} = \frac{8c}{8}$ => –6 = c or c = –6

Example 35

14x = –56

$\frac{14x}{14} = \frac{-56}{14}$ => x = –4

Example 36

10m = –40

$\frac{10m}{10} = \frac{-4}{10}$ => m = –4

Example 37

$$\frac{x}{8} = 2$$

$\frac{x}{8}(8) = 2(8)$ => x = 16

Example 38

$$16 = \frac{a}{11}$$

$16\ (11) = \frac{a}{11}(11)$ => 176 = a or a = 176

Example 39

$$\frac{m}{4} = -13$$

$\left(\frac{m}{4}\right)(4) = (-13)(4)$ => m = –52

Example 40

–126 = 14m

$\frac{14m}{14} = \frac{-126}{14}$ => m = –9

Example 41

–143 = –11y

$\frac{-14}{-11} = \frac{-11y}{-1}$ => 13 = y or y = 13

Example 42

$-5 = \frac{y}{18}$

$(-5)(18) = \left(\frac{y}{18}\right)(18)$ => –90 = y or y = –90

Example 43

6x =–48

$\frac{6x}{6} = \frac{-4}{6}$ => x = –8

Example 44

–56 = 7m

$\frac{-56}{7} = \frac{7m}{7}$ => m = –8

Example 45

$13 = \frac{n}{2}$

$(13)(2) = \frac{n}{2}(2)$ => n = 26

Example 46

-18 = 2k

$\frac{-18}{2} = \frac{2k}{2}$ => k = –9

Example 47

b -1 = 3

b = 3 + 1 =4 => b = 4

Example 48

–20 = –20x

$\frac{-20}{-2} = \frac{-20x}{-20}$ => x = 1

Example 49

$-15 = \frac{x}{3}$

$(-15)(3) = \left(\frac{x}{3}\right)(3)$ => x = –45

Example 50

4 = n + 17

n = 4–17 = –13 => n = –13

Example 51

–88 = 11k

$\frac{-8}{11} = \frac{11}{11}$ => –8 = k or k = –8

Example 52

$\frac{n}{10} = -3$

$\left(\frac{n}{10}\right)(10) = (-3)(10)$ => n = –30

Example 53

$\frac{3}{7} + x = \frac{4}{7}$

$x = \frac{4}{7} - \frac{3}{7} = \frac{1}{7}$ => $x = \frac{1}{7}$

Example 54

$\frac{2}{3} = \frac{5}{3} + m$

$m = \frac{2}{3} - \frac{5}{3} = \frac{(2-5)}{3} = \frac{-3}{3} = -1$ => m = –1

Example 55

$$\frac{3}{2} + m = \frac{-7}{2}$$

$m = \frac{-7}{2} - \frac{3}{2} = \frac{-7-3}{2} = \frac{-10}{2} = -5$ => m = –5

Example 56

$$b - \frac{8}{9} = \frac{4}{9}$$

$b = \frac{4}{9} + \frac{8}{9} = \frac{12}{9} = \frac{4}{3} = 1\frac{1}{3}$ => $b = 1\frac{1}{3}$

Example 57

$$x - \frac{2}{3} = \frac{1}{4}$$

$x = \frac{1}{4} + \frac{2}{3} = \frac{(3+8)}{12} = \frac{11}{12}$ => $x = \frac{11}{12}$

Example 58

$$b + \frac{1}{2} = \frac{1}{3}$$

$b = \frac{1}{3} - \frac{1}{2} = \frac{2-3}{6} = \frac{-1}{6}$ => $b = \frac{-1}{6}$

Example 59

$$c + \frac{2}{5} = \frac{-1}{3}$$

$c = -\frac{1}{3} - \frac{2}{5} = \frac{-5-6}{15} = \frac{-11}{15} \Rightarrow c = \frac{-11}{15}$

Example 60

$$x + \frac{1}{3} = \frac{1}{3}$$

$x = \frac{1}{3} - \frac{1}{3} = 0 \Rightarrow x = 0$

Example 61

$$-\frac{7}{6} = -\frac{1}{3}m$$

$-\frac{7}{6}(6) = \left(-\frac{1}{3}\right)(6)m \Rightarrow -7 = -2m \Rightarrow m = \frac{7}{2}$

Example 62

$$\frac{-6}{7} = \frac{4}{5}x$$

$-\frac{6}{7}(35) = \left(\frac{4}{5}x\right)(35) \Rightarrow -30 = 28x \Rightarrow x = -\frac{30}{28} = -\frac{15}{14}$

Example 63

$$-\frac{4}{3} = \frac{x}{\frac{1}{2}}$$

$$-\frac{4}{3}\left(\frac{1}{2}\right) = \frac{x}{\frac{1}{2}}\left(\frac{1}{2}\right) \Rightarrow -\frac{4}{6} = x \quad \Rightarrow x = -\frac{2}{3}$$

Example 64

$$2x = -\frac{1}{6}$$

$$\frac{2x}{2} = -\frac{\frac{1}{6}}{2} \text{ => } x = -\frac{1}{12}$$

Example 65

$$x + 4 = 2.4$$

$$x = 2.4 - 4 = -1.6 \text{ => } x = -1.6$$

Example 66

$$3.6 = 1.2b$$

$$\frac{3.6}{1.2} = \frac{1.2b}{1.2} \text{ => } 3 = b$$

Example 67

$$3.75Z = 3$$

$$\frac{3.75Z}{3.75} = \frac{3}{3.75} \text{ => } Z = \frac{4}{5}$$

Example 68

$$w - 9 = -4.1$$

$$w = -4.1 + 9 = 4.9$$

Example 69

$$-7.4 = -8.8 + x$$

$x = -7.4 + 8.8 = 1.4 => x = 1.4$

Example 70

$2.9 = x - 6.1$

$x = 2.9 + 6.1 = 9 \;=>\; x = 9$

Example 71

$b + 5.8 = 1.5$

$b = 1.5 - 5.8 = -4.3 \;=> b = -4.3$

Example 72

$-9.4y = -9.4$

$$\frac{-9.4y}{-9.4} = \frac{-9.4}{-9.4} = 1 => \; y = 1$$

Example 73

$x + 3 = 9$

$x = 9 - 3 = 6 => x = 6$

Example 74

$x - 3 = 9$

$x = 9 + 3 = 12 => x = 12$

Example 75

$x + 3 = -9$

$x = -9 - 3 = -12 => x = -12$

Example 76

$x - 3 = -9$

$x = -9 + 3 = -6 => x = -6$

Example 77

$3 - x = 9$

$-x = 9 - 3 = 6 => x = -6$

Example 78

$3 - x = -9$

$-x = -9 - 3 = -12 => -x = -12 => x = 12$

Example 79

$y + 1 = 4$

$y = 4 - 1 = 3 => y = 3$

Example 80

$y - 1 = 4$

$y = 4 + 1 = 5 => y = 5$

Example 81

$y + 1 = -4$

$y = -4 - 1 = -5 => y = -5$

Example 82

$y - 1 = -4$

$y = -4 + 1 => y = -3$

Example 83

$1 - y = 4$

$-y = 4 - 1 = 3 => -y = 3 => y = -3$

Example 84

$1 - y = -4$

$-y = -4 - 1 = -5 => -y = -5 => y = 5$

Example 85

$-y + 1 = 4$

$-y = 4 - 1 = 3 => -y = 3 => y = -3$

Example 86

$-y - 1 = 4$

$-y = 4 + 1 = 5 => -y = 5 => y = -5$

Example 87

$-y + 1 = -4$

$-y = -4 - 1 = -5 => -\frac{y}{-1} = -\frac{5}{-1} => y = 5$

Example 88

$-y - 1 = -4$

$-y = -4 + 1 = -3 => -y = -3 => y = 3$

Example 89

$x + 6 = 6$

$x = 6 - 6 = 0 => x = 0$

Example 90

$x - 6 = 6$

$x = 6 + 6 = 12 \Rightarrow x = 12$

Example 91

$-x + 6 = 6$

$-x = 6 - 6 = 0 \Rightarrow -x = 0 \Rightarrow x = 0$

Example 92

$-x - 6 = 6$

$-x = 6 + 6 = 12 \Rightarrow -x = 12 \Rightarrow x = -12$

Example 93

$6 - x = 6$

$-x = 6 - 6 = 0 \Rightarrow -x = 0 \Rightarrow x = 0$

Example 94

$-6 - x = -6$

$-x = -6 + 6 = 0 \Rightarrow -x = 0 \Rightarrow x = 0$

Example 95

$-6 - x = 6$

$-x = 6 + 6 = 12 \Rightarrow -x = 12 \Rightarrow x = -12$

Example 96

$2x = 2$

$\frac{2x}{2} = \frac{2}{2} \Rightarrow x = 1$

Example 97

$2y = -4$

$\frac{2y}{2} = -\frac{4}{2} => y = -2$

Example 98

$2m = 0$

$\frac{2m}{2} = \frac{0}{2} => m = 0$

Example 99

$3x = -12$

$\frac{3x}{3} = \frac{12}{3} => x = -4$

Example 100

$3m = 9$

$\frac{3m}{3} = \frac{9}{3} => m = 3$

Example 101

$-3Z = 12$

$-\frac{3Z}{-3} = \frac{12}{-3} => Z = -4$

Example 102

$2x = 18$

$\frac{2x}{2} = \frac{18}{2} => x = 9$

Example 103

$5t = 30$

$\frac{5t}{5} = \frac{30}{5}$ => $t = 6$

Example 104

$3y = 12$

$\frac{3y}{3} = \frac{12}{3}$ => $y = 4$

Example 105

$3f = -18$

$\frac{3f}{3} = -\frac{18}{3}$ => $f = -6$

Example 106

$4x = 32$

$\frac{4x}{4} = \frac{32}{4}$ => $x = 8$

Example 107

$8m = 8$

$\frac{8m}{8} = \frac{8}{8}$ => $m = 1$

Example 108

$4y = -12$

$\frac{4y}{4} = -\frac{12}{4}$ => $y = -3$

Example 109

$5m = 25$

$\frac{5m}{5} = \frac{25}{5}$ => $m = 5$

Example 110

$7a = 21$

$\frac{7a}{7} = \frac{21}{7}$ => $a = 3$

Example 111

$6n = 270$

$\frac{6n}{6} = \frac{270}{6}$ => $n = 45$

Example 112

$2x = -6$

$\frac{2x}{2} = -\frac{6}{2}$ => $x = -3$

Example 113

$9k = 0$

$\frac{9k}{9} = \frac{0}{9}$ => $k = 0$

Example 114

$6x = 42$

$\frac{6x}{6} = \frac{42}{6}$ => $x = 7$

Example 115

$-6k = 48$

$-\frac{6k}{-6} = \frac{48}{-6}$ => $k = -8$

Example 116

$12m = 48$

$\frac{12m}{12} = \frac{48}{12}$ => $m = 4$

Example 117

$10J = -40$

$\frac{10J}{10} = -\frac{40}{10}$ => $J = -4$

Example 118

$15m = 300$

$\frac{15m}{15} = \frac{300}{15}$ => $m = 20$

Example 119

$5k = 45$

$\frac{5k}{5} = \frac{45}{5}$ => $k = 9$

Example 120

$\frac{x}{2} = 1$

$\frac{x}{2}(2) = 1(2)$ => $x = 2$

Example 121

$\frac{x}{2} = -5$

$\frac{x}{2}(2) = -5(2)$ => $x = -10$

Example 122

$\frac{x}{3} = 2$

$\frac{x}{3}(3) = 2(3)$ => x =6

Example 123

$$\frac{x}{5} = 6$$

$\frac{x}{5}(5) = 6(5)$ => $x = 30$

Example 124

$$\frac{y}{-2} = 3$$

$\frac{y}{-2}(-2) = 3\,(-2)$ => $x = -6$

Example 125

$$\frac{x}{7} = 5$$

$\frac{x}{7}(7) = 5(7)$ => $x = 35$

Two-step Equations:

Example 126

$$\frac{2x}{3} = 6$$

$\frac{2x}{3}(3) = 6(3) \Rightarrow 2x = 18 \Rightarrow \frac{2x}{2} = \frac{18}{2} \Rightarrow x = 9$

Example 127

$$-\frac{2y}{5} = 4$$

$-\frac{2y}{5}(5) = 4(5) \Rightarrow -2y = 20 \Rightarrow -\frac{2y}{-2} = \frac{20}{-2} \Rightarrow y = -10$

Example 128

$$-\frac{2x}{5} = -30$$

$-\frac{2x}{5}(5) = -30(5) \Rightarrow -2x = -150 \Rightarrow -\frac{2x}{-2} = -\frac{150}{-2} \Rightarrow x = 75$

Example 129

$$\frac{3x}{7} = 15$$

$\frac{3x}{7}(7) = 15(7) \Rightarrow 3x = 105 \Rightarrow \frac{3x}{3} = \frac{105}{3} \Rightarrow x = 35$

Example 130

$2x + 2 = 4$

$2x = 4 - 2 = 2 \Rightarrow 2x = 2 \Rightarrow \frac{2x}{2} = \frac{2}{2} \Rightarrow x = 1$

Example 131

$2x - 2 = 4$

$2x + 4 = 2 = 6 \Rightarrow 2x = 6 \Rightarrow \frac{2x}{2} = \frac{6}{2} \Rightarrow x = 3$

Example 132

$2x + 2 = -4$

$2x = -4 - 2 = -6 \Rightarrow 2x = -6 \Rightarrow \frac{2x}{2} = -\frac{6}{2} \Rightarrow x = -3$

Example 133

$2x - 2 = -4$

$2x = -4 + 2 = -2 \Rightarrow 2x = -2 \Rightarrow \frac{2x}{2} = -\frac{2}{2} \Rightarrow x = -1$

Example 134

$-2x + 2 = 4$

$-2x = 4 - 2 = 2 \Rightarrow -2x = 2 \Rightarrow -\frac{2x}{-2} = \frac{2}{-2} \Rightarrow x = -1$

Example 135

$-2x - 2 = 4$

$-2x = 4 + 2 = 6 \Rightarrow -2x = 6 \Rightarrow -\frac{2x}{-2} = \frac{6}{-2} \Rightarrow x = -3$

Example 136

$-2x + 2 = -4$

$-2x = -4 - 2 = -6 \Rightarrow -\frac{2x}{-2} = -\frac{6}{-2} \Rightarrow x = 3$

Example 137

$-2x - 2 = -4$

$-2x = -4 + 2 = -2 \Rightarrow -2x = -2 \Rightarrow -\frac{2x}{-2} = -\frac{2}{-2} \Rightarrow x = 1$

Example 138

$3x + 3 = 3$

$3x = 3 - 3 = 0 \Rightarrow \frac{3x}{3} = \frac{0}{3} \Rightarrow x = 0$

Example 139

$3x - 3 = 3$

$3x = 3 + 3 = 6 \Rightarrow 3x = 6 \Rightarrow \frac{3x}{3} = \frac{6}{3} \Rightarrow x = 2$

Example 140

$-3x + 3 = -3$

$-3x = -3 - 3 = -6 \Rightarrow -3x = -6 \Rightarrow \frac{-3x}{-3} = \frac{-6}{-3} \Rightarrow x = 2$

Example 141

$-3x - 3 = 3$

$-3x = 3 + 3 = 6 \Rightarrow -3x = 6 \Rightarrow - \frac{3x}{-3} = \frac{6}{-3} \Rightarrow x = -2$

Example 142

$2x - 7 = -21$

$2x = -21 + 7 = -14 \Rightarrow \frac{2x}{2} = -\frac{14}{2} \Rightarrow x = -7$

Example 143

$2x - 4 = -18$

$2x = -18 + 4 = -14 \Rightarrow \frac{2x}{2} = \frac{-14}{2} \Rightarrow x = -7$

Example 144

$2y + 8 = 4$

$2y = 4 - 8 = -4 \Rightarrow \frac{2y}{2} = -\frac{4}{2} \Rightarrow y = -2$

Example 145

$-3m - 4 = 11$

$-3m = 11 + 4 = 15 \Rightarrow -\frac{3m}{-3} = \frac{15}{-3} \Rightarrow m = -5$

Example 146

$-2b - (-9) = 23$

$-2b = 23 - 9 = 14 \Rightarrow -\frac{2b}{-2} = \frac{14}{-2} \Rightarrow b = -7$

Example 147

$2m - 10 = 0$

$2m = 10 \Rightarrow \frac{2m}{2} = \frac{10}{2} \Rightarrow m = 5$

Example 148

$3k + 9 = 15$

$3k = 15 - 9 = 6 \Rightarrow \frac{3k}{3} = \frac{6}{3} \Rightarrow k = 2$

Example 149

$2a - 9 = 5$

$2a = 5 + 9 = 14 \Rightarrow \frac{20a}{2} = \frac{14}{2} \Rightarrow a = 7$

Example 150

$-3c + (-6) = 21$

$-3c = 21 + 6 = 27 \Rightarrow -\frac{3c}{-3} = \frac{27}{-3} \Rightarrow c = -9$

Example 151

$2d - (-7) = 13$

$2d + 7 = 13 \Rightarrow 2d = 13 - 7 = 6 \Rightarrow \frac{2d}{2} = \frac{6}{2} \Rightarrow d = 3$

Example 152

$-2k - 2 = 16$

$-2k = 16 + 2 \Rightarrow -2k = 18 \Rightarrow -\frac{2k}{-2} = \frac{18}{-2} \Rightarrow k = -9$

Example 153

$-3m + (-6) = -27$

$-3m = -27 + 6 = -21 \Rightarrow -\frac{3m}{-3} = -\frac{21}{-3} \Rightarrow m = 7$

Example 154

$2m - 8 = -18$

$2m = -18 + 8 = -10 \Rightarrow \frac{2m}{2} = -\frac{10}{2} \Rightarrow m = -5$

Example 155

$3x + 9 = -18$

$3x = -18 - 9 = -27 \Rightarrow \frac{3x}{3} = -\frac{27}{3} \Rightarrow x = -9$

Example 156

$3b - 9 = +27$

$3b = 27 + 9 = 36 \Rightarrow \frac{3b}{3} = \frac{36}{3} \Rightarrow b = 12$

Example 157

$3m + 1 = 22$

$3m = 22 - 1 = 21 \Rightarrow \frac{3m}{3} = \frac{21}{3} \Rightarrow m = 7$

Example 158

$3x - 2 = 10$

$3x = 10 + 2 = 12 \Rightarrow \frac{3x}{3} = \frac{12}{3} \Rightarrow x = 4$

Example 159

$-3m - 4 = 2$

$-3m = 2 + 4 = 6 \Rightarrow -\frac{3m}{-3} = \frac{6}{-3} \Rightarrow m = -2$

Example 160

$-2b - 8 = -4$

$-2b = -4 + 8 = 4 \Rightarrow -\frac{2b}{-2} = \frac{4}{-2} \Rightarrow b = -2$

Example 161

$2a - 4 = -18$

$2a = -18 + 4 = -14 \Rightarrow \frac{2a}{2} = -\frac{14}{2} \Rightarrow a = -7$

Example 162

$-3x + 2 = 26$

$-3x = 26 - 2 = 24 \Rightarrow -\frac{3x}{-3} = \frac{24}{-3} \Rightarrow x = -8$

Example 163

$2x - 5 = -3$

$2x = -3 + 5 = 2 \Rightarrow \frac{2x}{2} = \frac{2}{2} \Rightarrow x = 1$

Example 164

$-2y + 8 = 4$

$-2y = 4 - 8 \Rightarrow -2y = -4 \Rightarrow -\frac{2y}{-2} = -\frac{4}{-2} \Rightarrow y = 2$

Example 165

$-3x - 4 = -7$

$-3x = -7 + 4 = -3 \Rightarrow -\frac{3x}{-3} = -\frac{3}{-3} \Rightarrow x = 1$

Example 166

$-2x - (-4) = 10$

$-2x + 4 = 10 \Rightarrow -2x = 10 - 4 = 6 \Rightarrow -\frac{2x}{-2} = \frac{6}{-2} \Rightarrow x = -3$

Example 167

$-3a + (-8) = 1$

$-3a - 8 = 1 \Rightarrow -3a = 1 + 8 = 9 \Rightarrow -\frac{3a}{-3} = \frac{9}{-3} \Rightarrow a = -3$

Example 168

$-3m - (-3) = -3$

$-3m + 3 = -3 \Rightarrow -3m = -3 - 3 = -6 \Rightarrow -\frac{3m}{-3} = -\frac{-6}{-3} \Rightarrow m = 2$

Example 169

$2x + 7 = 13$

$2x = 13 - 7 = 6 \Rightarrow \frac{2x}{2} = \frac{6}{2} \Rightarrow x = 3$

Example 170

$-2b - (-9) = 9$

$-2b + 9 = 9 \Rightarrow -2b = 9 - 9 = 0 \Rightarrow -2b = 0 \Rightarrow b = 0$

Example 171

$3x - (-10) = -2$

$3x + 10 = -2 => 3x = -2 - 10 = -12 => \frac{3x}{3} = -\frac{12}{3} => x = -4$

Example 172

$2m - 8 = -24$

$2m = -24 + 8 = -16 => \frac{2m}{2} = -\frac{16}{2} => m = -8$

Example 173

$3m + 5 = 35$

$3m = 35 - 5 = 30 => \frac{3m}{3} = \frac{30}{3} => m = 10$

Example 174

$2x - 5 = -29$

$2x = -29 + 5 = -24 => \frac{2x}{2} = -\frac{24}{2} => x = -12$

Example 175

$-2y + 8 = 26$

$-2y = 26 - 8 = 18 => -\frac{2y}{-2} = \frac{18}{-2} => y = -9$

Example 176

$-3m + 1 = -26$

$-3m = -26 - 1 = -27 => -\frac{3m}{-3} = -\frac{-27}{-3} => m = 9$

Example 177

$2m + 10 = -10$

$2m = -10 - 10 = -20 \Rightarrow \frac{2m}{2} = -\frac{20}{2} \Rightarrow m = -10$

Example 178

$3m - 4 = -19$

$3m = -19 + 4 = -15 \Rightarrow \frac{3m}{3} = -\frac{15}{3} \Rightarrow m = -5$

Example 179

$2x - 8 = -2$

$2x = -2 + 8 = 6 \Rightarrow \frac{2x}{2} = \frac{6}{2} \Rightarrow x = 3$

Example 180

$-3z - 8 = 13$

$-3z = 13 + 8 = 21 \Rightarrow -\frac{3z}{-3} = \frac{21}{-3} \Rightarrow z = -7$

Example 181

$2w + 7 = 19$

$2w = 19 - 7 = 12 \Rightarrow \frac{2w}{2} = \frac{12}{2} \Rightarrow w = 6$

Example 182

$-2x - (-3) = 17$

$-2x + 3 = 17 \Rightarrow -2x = 17 - 3 = 14 \Rightarrow -\frac{2x}{-2} = \frac{14}{-2} \Rightarrow x = -7$

Example 183

$3b - 7 = 14$

$3b = 14 + 7 = 21 \Rightarrow \frac{3b}{3} = \frac{21}{3} \Rightarrow b = 7$

Example 184

$$6 = \frac{x}{4} + 2$$

$6 - 2 = \frac{x}{4} => \frac{x}{4} = 4 => \frac{x}{4}(4) = 4(4) => x = 16$

Example 185

$$6 = \frac{x}{4} - 2$$

$\frac{x}{4} = 6 + 2 => \frac{x}{4} = 8 => \frac{x}{4}(4) = 8(4) => x = 32$

Example 186

$6 = 4x - 2$

$4x = 6 + 2 = 8 => \frac{4x}{4} = \frac{8}{4} => x = 2$

Example 187

$6 = 4x + 2$

$4x = 6 - 2 = 4 => \frac{4x}{4} = \frac{4}{4} => x = 1$

Example 188

$9x - 7 = -7$

$9x = -7 + 7 = 0 => 9x = 0 => x = 0$

Example 189

$9x + 7 = -7$

$9x = -7 - 7 = -14 => \frac{9x}{9} = -\frac{14}{9} => x = -\frac{14}{9}$

Example 190

$$-2 + \frac{y}{4} = -5$$

$\frac{y}{4} = -5 + 2 = -3 \Rightarrow \frac{y}{4}(4) = -3(4) \Rightarrow y = -12$

Example 191

$$-1 + \frac{m}{3} = 3$$

$\frac{m}{3} = 3 + 1 = 4 \Rightarrow \frac{m}{3}(3) = 4(3) \Rightarrow m = 12$

Example 192

$$4 + \frac{x}{5} = 0$$

$\frac{x}{5} = -4 \Rightarrow \frac{x}{5}(5) = -4(5) \Rightarrow x = -20$

Example 193

$$0 = 4 + \frac{x}{5}$$

$\frac{x}{5} = -4 \Rightarrow \frac{x}{5}(5) = -4(5) \Rightarrow x = -20$

Example 194

$$0 = -4 + \frac{x}{5}$$

$\frac{x}{5} = 4 \Rightarrow \frac{x}{5}(5) = 4(5) \Rightarrow x = 20$

Example 195

$$0 = 4 - \frac{x}{5}$$

$-4 = -\frac{x}{5} \Rightarrow -4(-5) = -\frac{x}{5}(-5) \Rightarrow x = 20$

Example 196

$$-3 = \frac{x}{10} - 5$$

$-3 + 5 = \frac{x}{10}$ => $2 = \frac{x}{10}$ => $2(10) = 10\left(\frac{x}{10}\right)$=> $x = 20$

Example 197

$1 = \dfrac{y}{5} + 4$

$1 - 4 = \frac{y}{5}$ => $-3 = \frac{y}{5}$ => $-3(5) = 5\left(\frac{y}{5}\right)$ => $y = -15$

Example 198

$-1 = \dfrac{m}{2} + 2$

$-1 - 2 = \frac{m}{2}$ => $-3 = \frac{m}{2}$ => $-3(2) = \frac{m}{2}(2)$ => $m = -6$

Example 199

$2 = -\dfrac{y}{4} + 3$

$2 - 3 = -\frac{y}{4}$=> $-1 = -\frac{y}{4}$ => $-1(4) = -\frac{y}{4}(4)$ => $-4 = -y$ => $y = 4$

Example 200

$-1 = \dfrac{5 + x}{6}$

$-1(6) = \frac{5+x}{6}(6)$ => $-6 = 5 + x$ => $-6 - 5 = x$ => $x = -11$

Example 201

$2 = \dfrac{y - 3}{2}$

$4 = y - 3$ => $4 + 3 = y$ => $y = 7$

Example 202

$3 = \dfrac{1 - x}{5}$

$$3(5) = \frac{1-x}{5}(5)$$

$15 = 1 - x$ => $15 - 1 = -x$ => $14 = -x$ => $x = -14$

Example 203

$$3 = \frac{1-x}{5}$$

$3(5) = \frac{1-x}{5}(5)$ => $15 = 1 - x$ => $15 - 1 = -x$ => $14 = -x$ =>$x = -14$

Example 204

$$\frac{x+8}{3} = -5$$

$\frac{x+8}{3}(3) = -5(3)$ => $x + 8 = -15$ => $x = -15 - 8 = -23$ => $x = -23$

Example 205

$$\frac{m-3}{-2} = -1$$

$\left(m - \frac{3}{-2}\right)(-2) = -1(-2)$ => $m - 3 = 2$ => $m = 5$

Example 206

$$\frac{x+3}{5} = 2$$

$\left(x + \frac{3}{5}\right)(5) = 2(5)$ => $x + 3 = 10$ => $x = 10 - 3$ => $x = 7$

Example 207

$$\frac{3-z}{7} = 1$$

$\frac{3-z}{7}(7) = 1(7) => 3 - z = 7 => -z = 7 - 3 => z = -4$

Example 208

$\frac{m-3}{2} = 6 => \frac{m-3}{2}(2) = 6(2) => m - 3 = 12 => m = 15$

Example 209

$$\frac{x-4}{4} = \frac{1}{2}$$

$\frac{x-4}{4}(4) = \frac{1}{2}(4) => x - 4 = 2 => x = 6$

or we can use cross multiplication method:

$2(x - 4) = 4(1)$

$2x - 8 = 4 => 2x = 12 => x = 6$

Example 210

$$\frac{y+3}{2} = -\frac{1}{2}$$

Cross multiplication

$2(y + 3) = -1(2) => 2y + 6 = -2 => 2y = -2 - 6 = -8$

$\frac{2y}{2} = -\frac{8}{2} => y = -4$

Example 211

$$\frac{m-2}{2} = \frac{1}{3}$$

$3(m-2)=1(2)$ => $3m-6=2$ => $3m=6+2=8$ => $m=\frac{8}{3}$

Example 212

$$-\frac{m-2}{15}=\frac{2}{5}$$

$-(m-2)(5)=2(15)=30$ => $-5m+10=30$ => $-5m=30-10=20$ => $m=\frac{20}{-5}$ => $m=-4$

Example 213

$2(x+2)=-2$

$2x+4=-2$ => $2x=-2-4=-6$ => $\frac{2x}{2}=-\frac{6}{2}$ => $x=-3$

Example 214

$3(y-1)=-3$

$3y-3=-3$ => $3y=-3+3=0$=> $y=0$

Example 215

$12(m-2)=96$

$12m-24=96$ => $12m=96+24=120$ => $m=\frac{120}{12}$ => $m=10$

or $m-2=\frac{96}{12}=8$ => $m=8+2=10$ => $m=10$

Example 216

$$\frac{6(k+1)}{6}=-\frac{72}{6}$$

$k + 1 = -12 => k = -12 - 1 = -13 => k = -13$

Example 217

$144 = -12(x + 5)$

$144 = -12x - 60 => -\frac{12}{-12} = \frac{204}{-12} => x = -17$

or $\frac{144}{-1} = -\frac{12(x+5)}{-12} => -12 = x + 5 => x = -17$

Example 218

$-36 = 12(y - 6)$

$-36 = 12y - 72 => -36 + 72 = 12y => \frac{12y}{12} = \frac{36}{12} => y = 3$

or $-\frac{36}{12} = \frac{12(y-6)}{12} => -3 = y - 6 => y = 3$

Example 219

$72 = -8(x + 1)$

$72 = -8x - 8 => 72 + 8 = -8x => 80 = -8x => x = \frac{80}{-8} = -10$

or $\frac{72}{-8} = -\frac{8}{-8}(x + 1) => -9 = x + 1 => x = -9 - 1 = -10$

Example 220

$169 = 13(y - 1)$

$\frac{169}{13} = \frac{13}{13}(y - 1) => 13 = y - 1 => y = 13 + 1 = 14 => y = 14$

Example 221

$50 = -25(x + 3)$

$\frac{50}{-2} = -\frac{25}{-25}(x + 3)$ => $-2 = x + 3$ => $-2 - 3 = x$ => $x = -5$

Example 222

$-18 = -9(x + 10)$

$-\frac{18}{-9} = -\frac{9}{-9}(x + 10)$ => $2 = x + 10$ => $2 - 10 = x$ => $x = -8$

Example 223

$-51 = 17(y - 2)$

$-\frac{51}{17} = \frac{17}{17}(y - 2)$ => $-3 = y - 2$ => $y = 3 + 2 = -1$ => $y = -1$

Example 224

$100 = 50(m + 6)$

$\frac{100}{50} = \frac{50}{50}(m + 6)$ => $2 = m + 6$ => $2 - 6 = m$ => $m = -4$

Example 225

$45 = 9(y - 10)$

$\frac{45}{9} = \frac{9}{9}(y - 10)$ => $5 = y - 10$ => $y = 5 + 10$ => $y = 15$

Example 226

$63 = 21(x + 5)$

$\frac{63}{21} = \frac{21}{21}(x + 5) => 3 = x + 5 => 3 - 5 = x => x = -2$

Example 227

$7(9 + k) = 84$

$\frac{7(9+k)}{7} = \frac{84}{7} => 9 + k = 12 => k = 12 - 9 => k = 3$

Example 228

$$27 = -\frac{9(10 + y)}{-9}$$

$27 = 10 + y => y = 27 - 10 = 17 => y = 17$

Example 229

$-20 = 20(x - 9)$

$-\frac{20}{20} = \frac{20(x-9)}{20} => -1 = x - 9 => -1 + 9 = x => x = 8$

Example 230

$-36 = -36(x + 19)$

$-\frac{36}{-36} = -\frac{36}{-36}(x + 19) => 1 = x + 19 => 1 - 19 = x => x = -18$

Example 231

$25 = 25(y + 25)$

$\frac{25}{25} = \frac{25}{25}(y + 25) => 1 = y + 25 => y = 1 - 25 => y = -24$

Example 232

$$8 + \frac{a}{-4} = 5$$

$\frac{a}{-4} = 5 - 8 = -3$ => $\frac{a}{-4}(-4) = -3(-4)$ => $a = 12$

Example 233

$$\frac{m}{9} - 1 = 2$$

$\frac{m}{9} = 2 + 1 = 3$ => $\frac{m}{9}(9) = 3(9)$ => $m = 27$

Example 234

$$3(x - 2) = 6$$

$\frac{3(x-2)}{3} = \frac{6}{3}$ => $x - 2 = 2$ => $x = 2 + 2$ => $x = 4$

Example 235

$$-3(y - 8) = -12$$

$-\frac{3(y-8)}{-3} = -\frac{12}{-3}$ => $y - 8 = 4$ => $y = 8 + 4$ => $y = 12$

Example 236

$$\frac{x + 2}{4} = -8$$

$\left(\frac{x+2}{4}\right)(4) = -8(4)$ => $x + 2 = -32$ => $x = -32 - 2$ => $x = -34$

Example 237

$4 = 7x - 8$

$4 + 8 = 7x \Rightarrow 7x = 12 \Rightarrow x = \frac{12}{7}$

Example 238

$8 = \frac{m-2}{6}$

$\frac{m-2}{6}(6) = 8(6) \Rightarrow m - 2 = 48 \Rightarrow m = 48 + 2 \Rightarrow m = 50$

Example 239

$2 = 2x - 3$

$2x = 2 + 3 = 5 \Rightarrow x = \frac{5}{2}$

Example 240

$$\frac{2a}{3} = -7$$

$\frac{2a}{3}(3) = -7(3) \Rightarrow 2a = -21 \Rightarrow a = -\frac{21}{2}$

Example 241

$$8 = \frac{y-7}{3}$$

$\frac{y-7}{3}(3) = 8(3) \Rightarrow y - 7 = 24 \Rightarrow y = 24 + 7 \Rightarrow y = 31$

Example 242

$9m - 4 = 5$

$9m = 5 + 4 = 9$ => $9m = 9$ => $m = 1$

Example 243

$4x - (-3) = 1$

$4x + 3 = 1$ => $4x = 1 - 3$ => $4x = -2$ => $x = -\frac{2}{4}$ => $x = -\frac{1}{2}$

Example 244

$6 = 8y - 0$

$8y = 6$y => $y = \frac{6}{8}$ => $y = \frac{3}{4}$

Example 245

$$3 = \frac{m + 5}{-7}$$

$\left(m + \frac{5}{-7}\right)(-7) = 3(-7)$ => $m + 5 = -21$ => $m = -21 - 5$ => $m = -26$

Example 246

$$\frac{a + (-3)}{-7} = 3$$

$\frac{a-3}{-7} = 3$ => $a - 3 = -21$ => $a = -21 + 3$ => $a = -18$

Example 247

$$-3 = \frac{8a}{-8}$$

$8a = (-3)(-8)$ => $\frac{8a}{8} = \frac{24}{8}$ => $a = 3$

Example 248

$14 = 3 + 2y$

$14 - 3 = 2y$ => $11 = 2y$ => $y = \frac{11}{2}$

Example 249

$8x - 3 = -19$

$8x = -19 + 3 = -16$ => $\frac{8x}{8} = -\frac{16}{8}$ => $x = -2$

Example 250

$4y + 3 = 15$

$4y = 15 - 3 = 12$ => $\frac{4y}{4} = \frac{12}{4}$ => $y = 3$

Example 251

$-4m + 2 = -18$

$-4m = -18 - 2 = -20$ => $-\frac{4m}{4} = -\frac{20}{-4}$=> $m = 5$

Multi-step Equations:

Example 252

$4(x+2) = -3 + (-3)$

$4x + 8 = -6 \Rightarrow 4x = -6 - 8 \Rightarrow 4x = -14 \Rightarrow x = -\frac{14}{4} = -\frac{7}{2} \Rightarrow x = -\frac{7}{2}$

Example 253

$6(y+2) - 5 = 7$

$6y + 12 - 5 = 7 \Rightarrow 6y = 7 - 7 = 0 \Rightarrow y = 0$

Example 254

$7(x+8) - 2 = 12$

$7(x+8) = 12 + 2 = 14 \Rightarrow \frac{7(x+8)}{7} = \frac{14}{7} \Rightarrow x + 8 = 2 \Rightarrow x = 2 - 8 = -6$

Example 255

$-5(y-3) = 10 + 5$

$-\frac{5(y-3)}{-5} = \frac{15}{-5} \Rightarrow y - 3 = -3 \Rightarrow y = -3 + 3 = 0 \Rightarrow y = 0$

Example 256

$8(m-5) - 6 = 10$

$8m - 40 - 6 = 10 \Rightarrow 8m = 10 + 40 + 6 \Rightarrow 8m = 56 \Rightarrow m = \frac{56}{8} \Rightarrow m = 7$

Example 257

$2x + 3 = -4 + 3(x - 3)$

$2x + 3 = -4 + 3x - 9 \Rightarrow 2x - 3x = -3 - 4 - 9 \Rightarrow -x = -16 \Rightarrow x = 16$

Example 258

$4z + 3 = 7 + 7(z - 7)$

$4z + 3 = 7 + 7z - 49 \Rightarrow 4z - 7z = 7 - 49 - 3 = -45 \Rightarrow -\frac{3z}{-3} = -\frac{45}{-3} \Rightarrow z = 15$

Example 259

$8(x - 2) + 6x = 7$

$8x - 16 + 6x = 7 \Rightarrow 14x = 7 + 16 = 23 \Rightarrow x = \frac{23}{14}$

Example 260

$3x + 2x + 5 = -15$

$3x + 2x = -15 - 5 \Rightarrow 5x = -20 \Rightarrow \frac{5x}{5} = -\frac{20}{5} \Rightarrow x = -4$

Example 261

$26 = 47 + 2x - x$

$26 - 47 = x \Rightarrow x = -21$

Example 262

$4y + 6 - 7y + 9 = 18$

$-3y + 15 = 18 => -\frac{3y}{-3} = \frac{3}{-3} => y = -1$

Example 263

$4 + 3(x + 2) = 10$

$4 + 3x + 6 = 10 => 3x + 10 = 10 => 3x = 10 - 10 = 0 => x = 0$

Example 264

$-4 + 3(x + 2) = -10$

$-4 + 3x + 6 = -10 => 3x = -10 + 4 - 6 => 3x = -12 => \frac{3x}{3} = -\frac{12}{3}$

$x = -4$

Example 265

$4 - 3(x + 2) = 10$

$4 - 3x - 6 = 10 => -3x = 10 + 6 - 4 => -3x = 12 => -\frac{3x}{-3} = \frac{12}{-3}$

$x = -4$

Example 266

$-4 - 3(x + 2) = -10$

$-4 - 3x - 6 = -10 => -3x = 10 - 10 = 0 => x = 0$

Example 267

$4 - 3(x - 2) = 10$

$4 - 3x + 6 = 10 \Rightarrow -3x = 10 - 10 = 0 \Rightarrow x = 0$

Example 268

$4 + 3(x - 2) = 10$

$4 + 3x - 6 = 10 \Rightarrow 3x - 2 = 10 \Rightarrow 3x = 12 \Rightarrow x = 4$

Example 269

$-3 + 3x = -2(x + 1)$

$-3 + 3x = -2x - 2 \Rightarrow 3x + 2x = -2 + 3 \Rightarrow 5x = 1 \Rightarrow x = \frac{1}{5}$

Example 270

$-4 + 2y = -2(y - 3)$

$-4 + 2y = -2y + 6 \Rightarrow 2y + 2y = 6 + 4 \Rightarrow 4y = 10 \Rightarrow y = \frac{10}{4} = \frac{5}{2}$

Example 271

$5 + 3m = 3(2m - 1)$

$5 + 3m = 6m - 3 \Rightarrow 3m - 6m = -3 - 5 \Rightarrow -3m = -8 \Rightarrow m = -\frac{8}{-3}$

$$m = \frac{8}{3}$$

Example 272

$7 + 2x = 3(x - 2)$

$7 + 2x = 3x - 6 => 2x - 3x = -6 - 7 => -x = -13 => x = 13$

Example 273

$2x + 1 = 5(x - 3)$

$2x + 1 = 5x - 15 => 2x - 5x = -15 - 1 => -3x = -16 => x = -\frac{16}{-3}$

$$x = \frac{16}{3}$$

Example 274

$3y + 2 = 2(y - 5)$

$3y + 2 = 2y - 10 => 3y - 2y = -2 - 10 => y = -12$

Example 275

$5x - 1 = 2(3x - 1)$

$5x - 1 = 6x - 2 => 5x - 6x = -2 + 1 => -x = -1 => x = 1$

Example 276

$7y - 3 = 2(2y + 3)$

$7y - 3 = 4y + 6 => 7y - 4y = 6 + 3 => 3y = 9 => y = \frac{9}{3} => y = 3$

Example 277

$5m + 6 = 2(4m - 1)$

$5m + 6 = 8m - 2$ => $5m - 8m = -6 - 2$ => $-3m = -8$ => $m = -\frac{8}{-3}$

$m = \frac{8}{3}$

Example 278

$3x - 12x = 24 - 9x$

$-9x = 24 - 9x$ => $-9x + 9x = 24$ => $0 \neq 24$ No answer (not possible)

Example 279

$9x - 6 = -3x + 30$

$9x + 3x = 30 + 6$ => $12x = 36$ => $x = 3$

Example 280

$7x - 5 = 2x + 15$

$7x - 2x = 15 + 5$ => $5x = 20$ => $x = \frac{20}{5}$ => $x = 4$

Example 281

$8y + 1 = 4y - 3$

$8y - 4y = -3 - 1$ => $4y = -4$ => $\frac{4y}{4} = \frac{-4}{4}$ => $y = -1$

Example 282

$5m + 6 = 2m - 9$

$5m - 2m = -9 - 6$ => $3m = -15$ => $m = -\frac{15}{3}$ => $m = -5$

Example 283

$-20 = -4x - 6x$

$-20 = -10x$ => $x = -\frac{20}{-10}$ => $x = 2$

Example 284

$-10 = 7y + 3y$

$-10 = 10y$ => $y = -\frac{10}{10} = -1$ => $y = -1$

Example 285

$5 = 7m - 2m$

$5 = 5m$ => $m = \frac{5}{5} = 1$ => $m = 1$

Example 286

$5 + 2m = 7m$

$5 = 7m - 2m$ => $5 = 5m$ => $m = 1$

Example 287

$-10 - 3y = 7y$

$-10 = 7y + 3y = 10y \Rightarrow y = -\frac{10}{10} = -1 \Rightarrow y = -1$

Example 288

$6 = 1 - 2x + 5$

$6 = 6 - 2x \Rightarrow 6 - 6 = -2x \Rightarrow 0 = -2x \Rightarrow x = 0$

Example 289

$5 = 2 + 3n + 3$

$5 = 5 + 3n \Rightarrow 3n = 0 \Rightarrow n = 0$

Example 290

$7 = 3 + 10k + 4$

$7 = 7 + 10k \Rightarrow 10k = 7 - 7 = 0 \Rightarrow 10k = 0 \Rightarrow k = 0$

Example 291

$13 = 4 + 6m + 9$

$13 = 13 + 6m \Rightarrow 6m = 13 - 13 \Rightarrow 6m = 0 \Rightarrow m = 0$

Example 292

$8x - 2 = -9 + 7x$

$8x - 7x = -9 + 2 \Rightarrow x = -7$

Example 293

$5m + 3 = -6 + 6m$

$5m - 6m = -6 - 3 => -m = -9 => m = 9$

Example 294

$3y - 7 = -8 + 2y$

$3y - 2y = -8 + 7 => y = -1$

Example 295

$2k + 11 = 8 + k$

$2k - k = 8 - 11 => k = -3$

Example 296

$9g - 23 = 11 + 8g$

$9g - 8g = 11 + 23 = 34 => g = 34$

Example 297

$m + 5 = 4m + 5$

$m = 4m => m - 4m = 0 => -3m = 0 => m = 0$

Example 298

$x - 6 = 3x - 6$

$x - 3x = 6 - 6 => -2x = 0 => x = 0$

Example 299

$k - 3 = -5k - 3$

$k + 5k = 3 - 3 => 6k = 0 => k = 0$

Example 300

$4x + 3 = 4x$

$4x - 4x = -3 => 0 \neq -3$ No answer (not possible)

Example 301

$p + 6 = p + 3$

$p - p = 3 - 6 => 0 \neq -3$ No answer (not possible)

Example 302

$2(x + 1) + 2 = 14$

$2x + 2 + 2 = 14 => 2x + 4 = 14 => 2x = 14 - 4 = 10$

$2x = 10 => x = 5$

Example 303

$2(x - 1) - 2 = 16$

$2x - 2 - 2 = 16 => 2x = 16 + 4 = 20 => x = \frac{20}{2} => x = 10$

Example 304

$-2(x + 3) + 4 = 20$

$-2x - 6 + 4 = 20 => -2x - 2 = 20 => -2x = 22 => x = \frac{22}{-2} => x = -11$

Example 305

$-3(x-1)+6=15$

$-3x+3+6=15 \Rightarrow -3x+9=15 \Rightarrow -3x=15-9=6 \Rightarrow x=\frac{6}{-3}$

$x=-2$

Example 306

$3(x-3)-10=20$

$3x-9-10=20 \Rightarrow 3x-19=20 \Rightarrow 3x=39 \Rightarrow x=13$

Example 307

$2(2x+1)=14$

$\frac{2(2x+1)}{2}=\frac{14}{2} \Rightarrow 2x+1=7 \Rightarrow 2x=7-1=6 \Rightarrow x=\frac{6}{2} \Rightarrow x=3$

Example 308

$3(2m-1)=-6$

$\frac{3(2m-1)}{2}=-\frac{6}{3} \Rightarrow 2m-1=-2 \Rightarrow 2m=-2+1=-1 \Rightarrow m=-\frac{1}{2}$

Example 309

$5(-6n+3)=15$

$-6n+3=3 \Rightarrow -6n=3-3=0 \Rightarrow -6n=0 \Rightarrow n=0$

Example 310

$-6(10x+3)=-18$

$-\frac{6(10x+3)}{-6} = -\frac{18}{-6}$ => $10x + 3 = 3$ => $10x = 0$ => $x = 0$

Example 311

$-7(2x - 8) = 14$

$2x - 8 = \frac{14}{-7} = -2$ => $2x = 8 - 2 = 6$ => $x = \frac{6}{2} = 3$ => $x = 3$

Example 312

$17(2x + 5) = 17$

$2x + 5 = 1$ => $2x = 1 - 5 = -4$ => $x = -2$

Example 313

$\frac{1}{2}(3x - 1) = \frac{5}{2}$

Multiply both sides by 2 to clear the denominators.

$3x - 1 = 5$ => $3x = 6$ => $x = \frac{6}{3}$ => $x = 2$

Example 314

$\frac{3x - 1}{2} = \frac{5}{2}$

Multiply both sides of the equation by 2 to clear the denominators

$3x - 1 = 5$ => $3x = 5 + 1 = 6$ => $x = \frac{6}{3} = 2$ => $x = 2$

Example 315

$$-\frac{1}{3}(5x+3)=\frac{7}{3}$$

$-(5x+3)=7 => -5x-3=7 => -5x=10 => x=\frac{10}{-5} => x=-2$

Example 316

$$\frac{3}{4}(2x+1)=\frac{1}{2}$$

$4\left(\frac{3}{4}\right)(2x+1)=4\left(\frac{1}{2}\right) => 3(2x+1)=2 => 6x+3=2 => 6x=-1$

$$x=-\frac{1}{6}$$

Example 317

$$-\frac{3}{10}(3x-7)=\frac{2}{5}$$

$10\left(-\frac{3}{10}\right)(3x-7)=\frac{2}{5}(10) => -3(3x-7)=4 => -9x+21=4$

$-9x=-17 => x=-\frac{17}{9}$

Example 318

$$\frac{5}{14}(5x+8)=\frac{4}{7}$$

$5(5x+8)=\frac{14(4)}{7} => 25x+40=8 => 25x=8-40 => x=-\frac{32}{25}$

Example 319

$$-\frac{7}{9}(2x-8)=\frac{1}{3}$$

$9\left(-\frac{7}{9}\right)(2x-8)=\frac{1(9)}{3}$ => $-7(2x-8)=3$ => $-14x+56=3$ =>
$-14x=-53$ => $x=\frac{53}{14}$

Example 320

$$\frac{2(3x-1)}{6}=\frac{1}{3}$$

$6(1)=3(2)(3x-1)$ => $6=6(3x-1)$ => $\frac{6}{6}=\frac{6}{6(3x-1)}$ => $1=3x-1$

$3x=2$ => $x=\frac{2}{3}$

Example 321

$$\frac{2(4x+3)}{4}=-\frac{1}{2}$$

$4(-1)=2(2)(4x+3)$ => $-\frac{4}{4}=\frac{4(4x+3)}{4}$ => $-1=4x+3$ => $4x=-4$

$x=-\frac{4}{4}$ => $x=-1$

Example 322

$$-\frac{3(2x-1)}{15}=\frac{3}{5}$$

$3(15)=5(-3)(2x-1)$ => $45=-15(2x-1)$ => $\frac{45}{15}=-\frac{15}{15}(2x-1)$

$3 = -(2x - 1) => 2x - 1 = -3 => 2x = -3 + 1 = -2 => x = -1$

Example 323

$$\frac{2(3x + 1)}{21} = \frac{4}{7}$$

$2(7)(3x + 1) = 4(21) => 14(3x + 1) = 84 => 14(3x + 1) = 84$

$\frac{14(3x+1)}{14} = \frac{84}{14} => 3x + 1 = 6 => 3x = 5 => x = \frac{5}{3}$

Example 324

$-2x + 4 = 24$

$-2x = 24 - 4 = 20 => -\frac{2x}{-2} = \frac{20}{-2} => x = -10$

Example 325

$2(4x - 3) - 8 = 4 + 2x$

$8x - 6 - 8 = 4 + 2x => 6x = 18 =>x = \frac{18}{6} => x = 3$

Example 326

$3k - 5 = -8(6 + 5k)$

$3k - 5 = -48 - 40k => 3k + 40k = -48 + 5 => 43k = -43$

$k = \frac{-43}{43} => k = -1$

Example 327

$-(1 + 7x) - 6(-7 - x) = 36$

$-1 - 7x + 42 + 6x = 36 => -x = 36 - 41 => -x = -5 => x = 5$

Example 328

$-3(4x + 3) + 4(6x - 2) = 43$

$-12x - 9 + 24x - 8 = 43 => 12x = 43 + 9 + 8 => 12x = 60$

$x = \frac{60}{12} => x = 5$

Example 329

$-5(1 - 5a) + 5(-8a - 2) = -4a - 8a$

$-5 + 25a - 40a - 10 = -4a - 8a => -15a + 12a = 15$

$-3a = 15 => \ a = \frac{15}{-3} => \ a = -5$

Example 330

$24y - 22 = -4(1 - 6y)$

$24y - 22 = -4 + 24y => \ 24y - 24y = -4 + 22$

$0 \neq 18$ not possible (no answer)

Example 331

$-2(-9 - a) = -\frac{8a}{4}$

$18 + 2a = -2a => \ 18 = -2a - 2a => \ -4a = 18$

$a = \frac{18}{-4} => \ a = -\frac{9}{2}$

Example 332

$\frac{8(x - 9)}{-6} = \frac{4(x - 6)}{3}$

$3(8)(x - 9) = -6(4)(x - 6) => 24(x - 9) = -24(x - 6)$

$\frac{24(x - 9)}{24} = -\frac{24(x - 6)}{24} => \ x - 9 = -(x - 6)$

$x + x = 9 + 6 => \ 2x = 15 => \ x = \frac{15}{2}$

Example 333

$-\frac{x}{2} = \frac{-4x + 5}{6}$

$6(-x) = 2(-4x + 5) => \ -6x = -8x + 10 => \ 8x - 6x = 10$

$$2x = 10 => x = \frac{10}{2} => x = 5$$

Example 334

$$-2(4 - k) = 6(k + 2) + 3k$$

$$-8 + 2k = 6k + 12 + 3k => 2k - 3k - 6k = 8 + 12$$

$$-7k = 20 => k = -\frac{20}{7}$$

Example 335

$$\frac{4}{7} = \frac{x}{21}$$

$$4(21) = x(7) => 84 = 7x => x = \frac{84}{7} => x = 12$$

Example 336

$$\frac{2}{3} = \frac{y}{9}$$

$$18 = 3y => y = \frac{18}{3} => y = 6$$

Example 337

$$\frac{1}{3} = -\frac{x}{6}$$

$$6 = -3x => x = \frac{6}{-3} => x = -2$$

Example 338

$$\frac{7}{10} = \frac{k}{40}$$

$$7(40) = k(10) => \frac{7(40)}{10} = k => k = 28$$

Example 339

$$\frac{x}{4} = \frac{-16}{20}$$

$$\frac{x}{4} = -\frac{4}{5} => 5x = -16 => x = -\frac{16}{5}$$

Example 340

$$\frac{-14}{42} = \frac{m}{6}$$

$$-\frac{1}{3} = \frac{m}{6} => -6 = 3m => m = \frac{-6}{3} => m = -2$$

Example 341

$$\frac{1}{4} = \frac{m-1}{4}$$

$denominators\ are\ the\ same, so\ they\ are\ cancelled$

$$1 = m - 1 => m = 2$$

Example 342

$$\frac{1}{2} = \frac{c-5}{2}$$

$$1 = c - 5 => c = 6$$

Example 343

$$\frac{3}{5} = \frac{x-2}{5}$$

$$3 = x - 2 => x = 5$$

Example 344

$$\frac{-2}{7} = \frac{k+1}{7}$$

$$-2 = k + 1 => k = -3$$

Example 345

$$\frac{3}{4} = \frac{2m - 6}{8}$$

$$3(8) = 4(2m - 6) => \ 24 = 8m - 24 => 8m = 24 + 24$$

$$8m = 48 => m = \frac{48}{8} => m = 6$$

Example 346

$$\frac{x}{5} = \frac{x - 3}{2}$$

$$2x = 5(x - 3) => 2x = 5x - 15 => 2x - 5x = -15$$

$$-3x = -15 => x = \frac{-15}{-3} => x = 5$$

Example 347

$$\frac{10}{15} = \frac{2}{x}$$

$$10x = 30 => x = \frac{30}{10} => x = 3$$

Example 348

$$\frac{-15}{35} = \frac{3}{b}$$

$$-15b = 3(35) => -15b = 105 => b = \frac{105}{-15} => b = -7$$

Example 349

$$\frac{10}{45} = \frac{x}{9}$$

$$90 = 45x => x = \frac{90}{45} => x = 2$$

Example 350

$$\frac{-8}{12} = \frac{m-6}{3}$$

Cross multiplication

$$-24 = 12(m-6) => -24 = 12m - 72 => 12m = 72 - 24$$

$$12m = 48 => m = \frac{48}{12} => m = 4$$

Example 351

$$\frac{x}{2} = \frac{x+2}{4}$$

$$4x = 2(x+2) => \ 4x = 2x + 4 => \ 4x - 2x = 4 => \ 2x = 4$$

$$x = \frac{4}{2} => x = 2$$

Example 352

$$\frac{b}{3} = \frac{b-1}{6}$$

$$6b = 3(b-1) => 6b = 3b - 3 => \ 6b - 3b = -3$$

$$3b = -3 => b = \frac{-3}{3} => b = -1$$

Example 353

$$\frac{-I}{6} = \frac{I+3}{2}$$

$$-2I = 6(I+3) => -2I = 6I + 18 => -6I - 2I = 18$$

$$-8I = 18 => I = \frac{18}{-8} => I = -\frac{9}{4}$$

Example 354

$$\frac{-k}{2} = \frac{k-1}{4}$$

$$-4k = 2(k-1) => -4k = 2k - 2 => -4k - 2k = -2$$

$$-6k = -2 => k = \frac{-2}{-6} => k = \frac{1}{3}$$

Example 355

$$\frac{x}{2} = 3 - \frac{x}{4}$$

$$\frac{x}{2} = \frac{12 - x}{4} => 4x = 2(12 - x) => 4x = 24 - 2x$$

$$4x + 2x = 24 => 6x = 24 => x = \frac{24}{6} => x = 4$$

Example 356

$$\frac{x}{3} = 1 - \frac{x}{2}$$

$$\frac{x}{3} + \frac{x}{2} = 1 => \frac{2x + 3x}{6} = 1 => \frac{5x}{6} = 1 => 5x = 6 => x = \frac{6}{5}$$

Example 357

$$\frac{2x}{3} = 5 - \frac{x}{2}$$

$$\frac{2x}{3} + \frac{x}{2} = 5 => \frac{4x + 3x}{6} = 5 => \frac{7x}{6} = 5 => 7x = 30 => x = \frac{30}{7}$$

Example 358

$$2x = \frac{1}{2} - \frac{1}{3}$$

$$2x = \frac{3 - 2}{6} => 2x = \frac{1}{6} => x = \frac{1}{12}$$

Example 359

$$\frac{2}{7} = 3x - \frac{1}{2}$$

$$\frac{2}{7} + \frac{1}{2} = 3x => 3x = \frac{4 + 7}{14} => 3x = \frac{11}{14} => 14(3x) = 11$$

$42x = 11 => x = \frac{11}{42}$

Example 360

$\frac{1}{2} = -2x - \frac{3}{7}$

$\frac{1}{2} + \frac{3}{7} = -2x => -2x = \frac{7+6}{14} => -2x = \frac{13}{14} => -28x = 13$

$x = \frac{13}{-28}$

Example 361

$\frac{-1}{2} = 3x + \frac{1}{7}$

$3x = \frac{-1}{2} - \frac{1}{7} => 3x = \frac{-7-2}{14} => 3x = \frac{-9}{14} => 42x = -9$

$x = \frac{-9}{42} => x = \frac{-3}{14} = -\frac{3}{14}$

Example 362

$\frac{1}{2} = \frac{3}{5} + \frac{x}{2}$

$\frac{x}{2} = \frac{1}{2} - \frac{3}{5} => \frac{x}{2} = \frac{5-6}{10} => \frac{x}{2} = \frac{-1}{10} => 10x = -2 => x = \frac{-2}{10}$

$x = \frac{-1}{5} = -\frac{1}{5}$

Example 363

$\frac{1}{2}x = -3$

$\frac{x}{2} = -\frac{3}{1} => x = -6$

Example 364

$\frac{-x}{3} = 5$

$-x = 15 => x = -15$

Example 365

$\frac{-2}{3}y = 7$

$\frac{-2y}{3} = \frac{7}{1} => -2y = 21 => y = -\frac{21}{2}$

Example 366

$\frac{-3}{5}b = 9$

$\frac{-3b}{5} = \frac{9}{1} => -3b = 45 => b = \frac{45}{-3} => b = -15$

Example 367

$\frac{6}{5}b = 90$

$\frac{6b}{5} = \frac{90}{1} => 6b = 450 => b = \frac{450}{6} => b = 75$

Example 368

$\frac{7}{6}k = 168$

$\frac{7k}{6} = \frac{168}{1} => 7k = 6(168) => k = \frac{6(168)}{7} => k = 6(24)$

$k = 144$

Example 369

$\frac{1}{6}m = -3$

$$\frac{m}{6} = \frac{-3}{1} => \ m = -18$$

Example 370

$$\frac{-9}{5}b = -45$$

$$\frac{-9b}{5} = \frac{-45}{1} => -9b = 5(-45) => b = \frac{5(-45)}{-9}$$

$$b = 5(5) => b = 25$$

Example 371

$$\frac{x}{2} - \frac{x}{3} = \frac{2}{7}$$

$$\frac{3x - 2x}{6} = \frac{2}{7} => \frac{x}{6} = \frac{2}{7} => 7x = 12 => x = \frac{12}{7}$$

Example 372

$$\frac{x}{3} - \frac{x}{5} = \frac{1}{2}$$

$$\frac{5x - 3x}{15} = \frac{1}{2} => \frac{2x}{15} = \frac{1}{2} => 4x = 15 => x = \frac{15}{4}$$

Example 373

$$\frac{x}{7} - \frac{x}{9} = 2$$

$$\frac{9x - 7x}{63} = 2 => \frac{2x}{63} = \frac{2}{1} => 2x = 126 => x = \frac{126}{2} => x = 63$$

Example 374

$$\frac{2x}{7} + \frac{2x}{5} = 1$$

$$\frac{10x + 14x}{35} = 1 => \frac{24x}{35} = 1 => 24x = 35 => x = \frac{35}{24}$$

Example 375

$$\frac{5}{9}y - 4 = 11$$

$$\frac{5y}{9} = 11 + 4 => \frac{5y}{9} = \frac{15}{1} => 5y = 9(15) => y = \frac{9(15)}{5}$$

$$y = 9(3) => y = 27$$

Example 376

$$\frac{-4}{9}a = -36$$

$$\frac{-4a}{9} = \frac{-36}{1} => -4a = 9(-36) => a = \frac{9(-36)}{-4}$$

$$a = 9(9) => a = 81$$

Example 377

$$\frac{2x - 1}{4} = \frac{-3}{2}$$

$$2(2x - 1) = -12 => 4x - 2 = -12 => 4x = -12 + 2$$

$$4x = -10 => x = -\frac{10}{4} => x = -\frac{5}{2}$$

Example 378

$$\frac{3m + 1}{6} = \frac{1}{-3}$$

$$-3(3m + 1) = 6 => -9m - 3 = 6 => -9m = 6 + 3$$

$$m = \frac{9}{-9} => m = -1$$

Example 379

$$\frac{5}{2} - x = 3x$$

$$\frac{5}{2} = 3x + x => \frac{4x}{1} = \frac{5}{2} => 8x = 5 => x = \frac{5}{8}$$

Example 380

$$\frac{x}{2} - \frac{x}{3} = -2$$

$$\frac{3x - 2x}{6} = -2 => \frac{x}{6} = \frac{-2}{1} => x = -12$$

Example 381

$$\frac{x}{3} + \frac{x}{2} = -1$$

$$\frac{2x + 3x}{6} = -1 => \frac{5x}{6} = \frac{-1}{1} => 5x = -6 => x = -\frac{6}{5}$$

Example 382

$$\frac{x}{2} + \frac{x}{7} = 3$$

$$\frac{7x + 2x}{14} = 3 => \frac{9x}{14} = \frac{3}{1} => 9x = 42 => x = \frac{42}{9} => x = \frac{14}{3} = 4\frac{2}{3}$$

Example 383

$$\frac{x}{2} - \frac{2x}{5} = -6$$

$$\frac{5x - 4x}{10} = -6 => \frac{x}{10} = \frac{-6}{1} => x = -60$$

Example 384

$$\frac{x}{3} - \frac{3x}{4} = \frac{1}{12}$$

$$\frac{4x - 9x}{12} = \frac{1}{12} => \frac{-5x}{12} = \frac{1}{12} => -5x = 1 => x = -\frac{1}{5}$$

Example 385

$$x + \frac{x}{2} + \frac{x}{3} = 2$$

$$x + \frac{3x + 2x}{6} = 2 => \frac{6x + 5x}{6} = 2 => \frac{11x}{6} = \frac{2}{1} => 11x = 12$$

$$x = \frac{12}{11}$$

Example 386

$$\frac{x}{2} + 2x = -3$$

$$\frac{x + 4x}{2} = -3 => 5x = -6 => x = \frac{-6}{5}$$

Example 387

$$\frac{x}{3} - x = 1 + \frac{x}{2}$$

$$\frac{x - 3x}{3} - \frac{x}{2} = 1 => \frac{-4x - 3x}{6} = 1 => \frac{-7x}{6} = \frac{1}{1}$$

$$-7x = 6 => x = -\frac{6}{7}$$

Example 388

$$-8x + 3 - 2x = -6x + 3 - 4x$$

$$-10x + 10x = 3 - 3 => 0x = 0$$

infinite number of answers

Example 389

$2x + 3 - x = 5x - 2 + x$

$x - 6x = -2 - 3 => -5x = -5 => x = \frac{-5}{-5} => x = 1$

Example 390

$4x - 1 + x = 2 - 2x$

$5x + 2x = 2 + 1 => 7x = 3 => x = \frac{3}{7}$

Example 391

$2(x + 1) + 3(x - 1) = 5$

$2x + 2 + 3x - 3 = 5 => 5x = 5 + 1 => 5x = 6 => x = \frac{6}{5}$

Example 392

$-2(x - 1) + 3(x + 2) = -3$

$-2x + 2 + 3x + 6 = -3 => x = -3 - 8 => x = -11$

Example 393

$2(x - 3) - (x - 3) = 1$

$2x - 6 - x - 3 = 1 => x = 1 + 9 => x = 10$

Example 394

$-3(x + 4) - 2(x - 5) = 4$

$-3x - 12 - 2x + 10 = 4 => -5x = 4 + 2 => -5x = 6 => x = -\frac{6}{5}$

Example 395

$5(x + 3) - 2(x - 4) = 1$

$5x + 15 - 2x + 8 = 1 => 3x = 1 - 23 => 3x = -22 => x = -\frac{22}{3}$

Example 396

$-2(x + 4) + 3(x - 3) = -2$
$-2x - 8 + 3x - 9 = -2 => \ x = -2 + 17 => x = 15$

Example 397

$5(2x - 1) - (x + 3) = 2$

$10x - 5 - x - 3 = 2 => \ 9x = 2 + 8 => 9x = 10 => x = \frac{10}{9}$

Example 398

$-3(2 - x) + (1 - x) = 3$

$-6 + 3x + 1 - x = 3 => \ 2x = 3 + 5 => x = \frac{8}{2} => x = 4$

Example 399

$2(3x - 1) - 3(4x + 1) = 9$

$6x - 2 - 12x - 3 = 9 => -6x = 9 + 5 => -6x = 14 => \ x = \frac{14}{-6}$

$x = -\frac{7}{3}$

Example 400

$5(2x + 1) - 2(3x + 2) = -x$
$10x + 5 - 6x - 4 = -x => \ 4x + x = -1 => 5x = -1$

$x = -\frac{1}{5}$

Example 401

$-3(2-3x)+2(1-5x)=1-x$

$-6+9x+2-10x=1-x => -x+x=1+4 =>\ 0\neq 5$

no answer (not possible)

Example 402

$\frac{2(x-1)}{3}=\frac{-3(x+1)}{4}$

$\frac{2x-2}{3}=\frac{-3x-3}{4} => 4(2x-2)=3(-3x-3)$

$8x-8=-9x-9 => 8x+9x=-9+8$

$17x=-1 => x=-\frac{1}{17}$

Example 403

$\frac{3-x}{2}=\frac{2(x+1)}{5}$

$5(3-x)=4(x+1) =>\ 15-5x=4x+4$

$-5x-4x=-15+4 => -9x=-11 => x=\frac{-11}{-9} => x=\frac{11}{9}$

Example 404

$\frac{3(x+3)}{5}=\frac{-2(x-5)}{7}$

$21(x+3)=-10(x-5) => 21x+63=-10x+50$

$21x+10x=-63+50 =>\ 31x=-13 => x=-\frac{13}{31}$

Example 405

$2(3-x)-6=-5x$

$6 - 2x - 6 = -5x$ => $-2x + 5x = 6 - 6$ => $3x = 0$ => $x = 0$

Example 406

$7 + 9m = 7m + 3$

$9m - 7m = 3 - 7$ => $2m = -4$ => $m = -\frac{4}{2}$ => $m = -2$

Example 407

$-2(4 + 3k) = -2(4 + K)$

$-8 - 6K = -8 - 2K$ => $-6K + 2K = -8 + 8 = 0$ => $-4K = 0$ => $K = 0$

Example 408

$2(3y - 2) + 9 = -5y$

$6y - 4 + 9 =-5y$ => $6y + 5y = -5$ => $11y = -5$ => $y = -\frac{5}{11}$

Example 409

$3(1 + x) = -5(x + 1)$

$3 + 3x = -5x + 5$ => $3x + 5x = -3 - 5 = -8$ => $8x = -8$ =>$x = -1$

Example 410

$1 + 2c = 4c + 9$

$2c - 4c = 9 - 1$ => $-2c = 8$ => $c = \frac{8}{-2} = -4$ => $c = -4$

Example 411

$3 + y = 2(2y - 1)$

$3 + y = 4y - 2 \Rightarrow y - 4y = -2 - 3 \Rightarrow -3y = -5 \Rightarrow y = \frac{-5}{-3} = \frac{5}{3} \Rightarrow$
$y = \frac{5}{3}$

Example 412

$5v - 2 = -9v + 8$

$5v + 9v = 8 + 2 \Rightarrow 14v = 10 \Rightarrow v = \frac{10}{14} \Rightarrow v = \frac{5}{7}$

Example 413

$-1 + 3x = -7 - 6x$

$3x + 6x = -7 + 1 \Rightarrow 9x = -6 \Rightarrow x = -\frac{6}{9} = -\frac{2}{3} \Rightarrow x = -\frac{2}{3}$

Example 414

$-6(1 - x) = 9 - 2x$

$-6 + 6x = 9 - 2x \Rightarrow 6x + 2x = 9 + 6 \Rightarrow 8x = 15 \Rightarrow x = \frac{15}{8}$

Example 415

$6a + 7 = 2a + 5$

$6a - 2a = 5 - 7 \Rightarrow 4a = -2 \Rightarrow a = -\frac{2}{4} \Rightarrow a = -\frac{1}{2}$

Example 416

$-2b - 3 = -2(2b + 1)$

$-2b - 3 = -4b - 2 \Rightarrow -2b + 4b = -2 + 3 \Rightarrow 2b = 1 \Rightarrow b = \frac{1}{2}$

Example 417

$2 + c = 7 + 6c$

$c - 6c = 7 - 2 \Rightarrow -5c = 5 \Rightarrow C = \frac{-5}{5} = -1 \Rightarrow C = -1$

Example 418

$-8x + 8 = 5x + 2$

$-8x - 5x = 2 - 8 \Rightarrow -13x = -6 \Rightarrow x = \frac{-6}{-13} \Rightarrow x = \frac{6}{13}$

Example 419

$-3 + 8b = -1 + 5b$

$8b - 5b = -1 + 3 \Rightarrow 3b = 2 \Rightarrow b = \frac{2}{3}$

Example 420

$6 - 7y = -y + 6$

$-7y + y = 6 - 6 \Rightarrow -6y = 0 \Rightarrow y = 0$

Example 421

$-2(1 + x) = -7(x + 1)$

$-2 - 2x = -7x - 7 \Rightarrow 5x = -5 \Rightarrow x = -1$

Example 422

$-9 - 6x = 2 + 2x$

$-6x - 2x = 2 + 9 = 11 \Rightarrow -8x = 11 \Rightarrow x = -\frac{11}{8}$

Example 423

$-6a + 6 = a + 3$

$-6a - a = 3 - 6 \Rightarrow -7a = -3 \Rightarrow a = \frac{-3}{-7} \Rightarrow a = \frac{3}{7}$

Example 424

$1 + 5b = b + 8$

$5b - b = 8 - 1 \Rightarrow 4b = 7 \Rightarrow b = \frac{7}{4}$

Example 425

$9s - 7 = -4s + 7$

$9s + 4s = 7 + 7 \Rightarrow 13s = 14 \Rightarrow s = \frac{14}{13}$

Example 426

$-3(m + 2) = -9m + 1$

$-3m - 6 = -9m + 1 \Rightarrow -3m + 9m = 1 + 6 \Rightarrow 6m = 7 \Rightarrow m = \frac{7}{6}$

Example 427

$2(x - 3) - 8 = -x$

$2x - 6 - 8 = -x \Rightarrow 2x + x = 6 + 8 \Rightarrow 3x = 14 \Rightarrow x = \frac{14}{3}$

Example 428

$5b = -2(1 + 4b) - 7$

$5b = -2 - 8b - 7 \Rightarrow 5b + 8b = -2 - 7 \Rightarrow 13b = -9 \Rightarrow b = -\frac{9}{13}$

Example 429

$-7 - 5x = 7 - 9x$

$-5x + 9x = 7 + 7 = 14 \Rightarrow 4x = 14 \Rightarrow x = \frac{14}{4} \Rightarrow x = \frac{7}{2}$

Example 430

$-2(1 - 3y) = -6y - 5$

$-2 + 6y = -6y - 5 \Rightarrow 6y + 6y = -5 + 2 \Rightarrow 12y = -3 \Rightarrow y = -\frac{3}{12} = -\frac{1}{4} \Rightarrow y = -\frac{1}{4}$

Example 431

$-3(m - 3) = 2m + 9$

$-3m + 9 = 2m + 9 \Rightarrow -3m - 2m = 9 - 9 \Rightarrow -5m = 0 \Rightarrow m = 0$

Example 432

$-k = 4(-k + 2) + 2$

$-k = -4k + 8 + 2 \Rightarrow -k + 4k = 10 \Rightarrow 3k = 10 \Rightarrow k = \frac{10}{3}$

Example 433

$-4(1 + a) + 3 = -8a$

$-4 - 4a + 3 = -8a \Rightarrow -4a + 8a = +1 \Rightarrow 4a = 1 \Rightarrow a = \frac{1}{4}$

Example 434

$4(m-2) = -2(4m-3)$

$4m - 8 = -8m + 6 \Rightarrow 4m + 8m = 8 + 6 \Rightarrow 12m = 14 \Rightarrow m = \frac{14}{12}$

$m = \frac{7}{6}$

Example 435

$4 + 3(1-a) + 5 = -9a$

$4 + 3 - 3a + 5 = -9a \Rightarrow -3a + 9a = -12 \Rightarrow 6a = -12 \Rightarrow a = -2$

Example 436

$2(-4-m) - 5m = 1$

$-8 - 2m - 5m = 1 \Rightarrow -7m = 1 + 8 = 9 \Rightarrow m = -\frac{9}{7}$

Example 437

$a + 2(a-1) - 4 = a$

$a + 2a - 2 - 4 = a \Rightarrow 2a = 6 \Rightarrow a = 3$

Example 438

$-3(1+2t) = -3 + 8t$

$-3 - 6t = -3 + 8t \Rightarrow -6t = 8t \Rightarrow -14t = 0 \Rightarrow t = 0$

Example 439

$-2(3-b) = 7 + 3b$

$-6 + 2b = 7 + 3b \Rightarrow 2b - 3b = 7 + 6 \Rightarrow -b = 13 \Rightarrow b = -13$

Example 440

$-8p + 1 = 5(p + 1) + 2$

$-8p + 1 = 5p + 5 + 2 \Rightarrow -8p - 5p = 7 - 1 = 6 \Rightarrow -13p = 6$

$P = -\frac{6}{13}$

Example 441

$2(-3x - 1) + 4 = -5x$

$-6x - 2 + 4 = -5x \Rightarrow -6x + 5x = -2 \Rightarrow -x = -2 \Rightarrow x = 2$

Example 442

$3(-3 + 2q) = 4 + 9q$

$-9 + 6q = 4 + 9q \Rightarrow -9 - 4 = 9q - 6q \Rightarrow -13 = 3q \Rightarrow q = -\frac{13}{3}$

Example 443

$3(1 - 3b) = 2(4 - b)$

$3 - 9b = 8 - 2b \Rightarrow -9b + 2b = 8 - 3 \Rightarrow -7b = 5 \Rightarrow b = -\frac{5}{7}$

Example 444

$-2(a - 3) + 1 = -7a - 4$

$-2a + 6 + 1 = -7a - 4 \Rightarrow -2a + 7a = -4 - 7 \Rightarrow 5a = -11 \Rightarrow$

$a = -\frac{11}{5}$

Example 445

$2(a + 3) + 1 = -4a - 7$

$2a = -\frac{14}{6} = -\frac{7}{3} + 6 + 1 = -4a - 7 => 2a + 4a = -7 - 7 => 6a = -14 => a$

Example 446

$-4(1 - m) + 3m = -3m + 2$

$-4 + 4m + 3m = -3m + 2 => 4m + 3m + 3m = 2 + 4 => 10m = 6$

$m = \frac{6}{10} => m = \frac{3}{5}$

Example 447

$4(1 - k) + 9 = 4k$

$4 - 4k + 9 = 4k => 13 = 4k + 4k = 8k => k = \frac{13}{8}$

Example 448

$-2(y + 3) = 7y - 3$

$-2y - 6 = 7y - 3 => -2y - 7y = 6 - 3 => -9y = 3$

$=> y = -\frac{3}{9} = -\frac{1}{3}$

Example 449

$5a = -5(a + 1) - a + 1$

$5a = -5a - 5 - a + 1 => 5a + 5a + a = -4 => 11a = -4 => a = -\frac{4}{11}$

Example 450

$-2(1+4p)-p=-5p+2$

$-2-8p-p=-5p+2 => -8p-p+5p=2+2 => -4p=4$

$p=\frac{4}{-4}=-1 => p=-1$

Example 451

$-2(3-4c)+3c=3c$

$-6+8c+3c=3c => 8c=6 => c=\frac{6}{8} => c=\frac{3}{4}$

Example 452

$-x+2(-1-2)-x=-5$

$-x-2-4x-x=-5 => -6x=-3 => x=\frac{-3}{-6} => x=\frac{1}{2}$

Example 453

$4(2+b)+1=-b-2$

$8+4b+1=-b-2 => 4b+b=-2-1-8 => 5b=-11 => b=-\frac{11}{5}$

Example 454

$-4(c+1)-c=5(1+c)+3c$

$-4c-4-c=5+5c+3c => -4c-c-5c-3c=5+4 =>$
$-13c=9 => c=-\frac{9}{13}$

Example 455

$8(1+h) = -2(3h-4)$

$8 + 8h = -6h + 8 \Rightarrow 8h + 6h = 8 - 8 \Rightarrow 14h = 0 \Rightarrow h = 0$

Example 456

$-2(1+4y) = -y - 9$

$-2 - 8y = -y - 9 \Rightarrow -8y + y = -9 + 2 \Rightarrow -7y = -7 \Rightarrow y = \frac{-7}{-7}$

$y = 1$

Example 457

$7 + 3x = 5x + 8$

$3x - 5x = 8 - 7 \Rightarrow -2x = 1 \Rightarrow x = -\frac{1}{2}$

Example 458

$1 + x = 9x - 1$

$x - 9x = -1 - 1 \Rightarrow -8x = -2 \Rightarrow x = \frac{-2}{-8} = \frac{1}{4} \Rightarrow x = \frac{1}{4}$

Example 459

$x + 3 = -7 - 8x$

$x + 8x = -7 - 3 \Rightarrow 9x = -10 \Rightarrow x = \frac{-10}{9}$

Example 460

$-4x - 3 = 4 + 9x$

$-4x - 9x = 4 + 3$=> $-13x = 7$ => $x = -\frac{7}{13}$

Example 461

$1 - 8x = -9 - 3x$

$-8x + 3x = -9 - 1$ =>$-5x = -10$ => $x = \frac{-10}{-5}$ =>$x = 2$

Example 462

$4 - x = 2 + 9x$

$-x - 9x = 2 - 4$ => $10x = -2$ => $x = \frac{-2}{-1}$ => $x = \frac{1}{5}$

Example 463

$-5 + 3m = -6m + 7$

$3m + 6m = 7 + 5$ =>$9m = 12$ => $m = \frac{12}{9}$ => $m = \frac{4}{3}$

Example 464

$3(1 + k) - 2 = -k$

$3 + 3k - 2 = -k$ =>$3k + k = -3 + 2$ =>$4k = -1$ =>$k = \frac{-1}{4}$

Example 465

$-8c - 9 = 2 + 3c$

$-8c - 3c = 2 + 9$ =>$-11c = 11$ => $c = \frac{11}{-11}$ => $c = -1$

Example 466

$-4m + 5 = 5 + 8m$

$-4m - 8m = 5 - 5 => -12m = 0 => m = 0$

Example 467

$1 - 8r = -9 - 3r$

$-8r + 3r = -9 - 1 => -5r = -10 => r = \frac{-10}{-5} => r = 2$

Example 468

$-4 - y = y - 9$

$-y - y = -9 + 4 => \ -2y = -5 => y = \frac{-5}{-2} => y = \frac{5}{2}$

Example 469

$7x - 2 = -4x + 7$

$7x + 4x = 7 + 2 => 11x = 9 => x = \frac{9}{11}$

Example 470

$-2(3 + S) - 8 = 5S$

$-6 - 2S - 8 = 5S => -2S - 5S = 8 + 6 => -7S = 14$

$S = -\frac{14}{7} => S = -2$

Example 471

$2y - 8 = -5 - 9y$

$2y + 9y = -5 + 8 => \ 11y = 3 => y = \frac{3}{11}$

Example 472

$6 + x = -9 + 2x$

$x - 2x = -9 - 6 => -x = -15 => x = 15$

Example 473

$4 + 3x = 14 - 9x$

$3x + 9x = 14 - 4 => 12x = 10 => x = \frac{10}{12} => x = \frac{5}{6}$

Example 474

$-3(x - 3) = 2x + 9$

$-3x + 9 = 2x + 9 => -3x - 2x = 9 - 9 => -5x = 0 => x = 0$

Example 475

$-2(1 - 3y) = -6y - 5$

$-2 + 6y = -6y - 5 => 6y + 6y = -5 + 2 => 12y = -3$

$y = \frac{-3}{12} => y = \frac{-1}{4}$

Example 476

$2(-3r - 1) + 4 = -5r$

$-6r - 2 + 4 = -5r => -6r + 5r = -2 => -r = -2$

$r = 2$

Example 477

$3 - x + 5 = -5x - 1$

$-x + 5x = -1 - 8 => 4x = -9 => x = -\frac{9}{4}$

Example 478

$2 - 9c = -3c - 9$

$-9c + 3c = -9 - 2 => -6c = -11 => c = \frac{-11}{-6} => c = \frac{11}{6}$

Example 479

$3(b - 4) = 2(-2b + 1)$

$3b - 12 = -4b + 2 => 3b + 4b = 2 + 12 => 7b = 14$

$b = \frac{14}{7} => b = 2$

Example 480

$7 - (5x - 13) = -25$

$7 - 5x + 13 = -25 => -5x + 20 = -25 => -5x = -25 - 20$

$-5x = -45 => x = \frac{-45}{-5} => x = 9$

Example 481

$-3(7y + 5) = 27$

$-21y - 15 = 27 => -21y = 27 + 15 => -21y = 42$

$y = \frac{42}{-21} => y = -2$

Example 482

$-15x + 21 + 5x = -19$

$-15x + 5x = -19 - 21 => -10x = -40 => \frac{10x}{-10} = \frac{-40}{-10}$

$x = 4$

Example 483

$$9 = \frac{x+4}{x+12}$$

$$\frac{9}{1} = \frac{x+4}{x+12} => 9(x+12) = x+4 => 9x+108 = x+4$$

$$9x - x = 4 - 108 => 8x = -104 => x = \frac{-104}{8} => x = -13$$

Example 484

$$-2 = \frac{x-1}{x+2}$$

$$\frac{-2}{1} = \frac{x-1}{x+2} => -2(x+2) = x-2 => -2x-4 = x-1$$

$$-2x - x = 4 - 1 => -3x = 3 => x = -1$$

Example 485

$$3 = \frac{x+5}{x-3}$$

$$\frac{3}{1} = \frac{x+5}{x-3} => 3(x-3) = x+5 => 3x-9 = x+5$$

$$3x - x = 9 + 5 => 2x = 14 => x = \frac{14}{2} => x = 7$$

Example 486

$$5 = \frac{x-3}{x+1}$$

$$\frac{5}{1} = \frac{x-3}{x+1} => 5(x+1) = x-3 => 5x+5 = x-3$$

$$5x - x = -3 - 5 => 4x = -8 => x = -2$$

Example 487

$$\frac{1}{2} = \frac{x-1}{x+1}$$

$x + 1 = 2(x - 1) => x + 1 = 2x - 2 => x - 2x = -2 - 1$

$-x = -3 => x = 3$

Example 488

$$\frac{-2}{3} = \frac{2x+1}{x-1}$$

$\frac{4}{9} = \frac{x-1}{5-x} =>\ 4(5 - x) = 9(x - 1) => 20 - 4x = 9x - 9$

$-9x - 4x = -20 - 9 => -13x = -29 => x = \frac{29}{13}$

Example 489

$$\frac{-3}{5} = \frac{3x-1}{2+5x}$$

$-3(2 + 5x) = 5(3x - 1) => -6 - 15x = 15x - 5$

$-15x - 15x = 6 - 5 => -30x = 1 => x = -\frac{1}{30}$

Example 490

$$3\left(x - \frac{2}{3}\right) = \frac{3}{4}x + 1$$

$3x - 2 = \frac{3}{4}x + 1 =>\ 3x - \frac{3}{4}x = 2 + 1 => \frac{12x - 3x}{4} = 3$

$\frac{9x}{4} = 3 => 9x = 12 => x = \frac{12}{9} => x = \frac{4}{3}$

Example 491

$$\frac{x}{2} - \frac{3}{5} = \frac{1}{6}$$

$$\frac{x}{2}=\frac{3}{5}+\frac{1}{6} => \frac{x}{2}=\frac{18+5}{30} => \frac{x}{2}=\frac{23}{30} => 30x=46$$

$$x=\frac{46}{30} => x=\frac{23}{15}$$

Example 492

$$\frac{7}{4}x-3=2+\frac{9}{2}x$$

$$\frac{7}{4}x-\frac{9}{2}x=2+3 => \frac{7-18}{4}x=5 => \frac{-11}{4}x=5 => -11x=5(4)$$

$$x=-\frac{20}{11}$$

Example 493

$$\frac{3x+8}{3}=\frac{1}{2}+\frac{x}{4}$$

$$\frac{3x+8}{3}=\frac{2+x}{4} => 4(3x+8)=3(2+x) => 12x+32=6+3x$$

$$12x-3x=6-32 => 9x=-26 => x=\frac{-26}{9}$$

Example 494

$$\frac{1}{2}(y+1)=\frac{4}{3}-y$$

$$\frac{1}{2}y+\frac{1}{2}=\frac{4}{3}-y => \frac{1}{2}y+y=\frac{4}{3}-\frac{1}{2} => \frac{1y+2y}{2}=\frac{8-3}{6}$$

$$\frac{3}{2}y=\frac{5}{6} => 3y(6)=5(2) => 18y=10 => y=\frac{10}{18} => y=\frac{5}{9}$$

Example 495

$$\frac{1}{2}y+2=2\frac{1}{3}+\frac{8}{3}$$

$$\frac{1}{6}y = 2\frac{1}{3} - 2 + \frac{8}{3} => \frac{1}{6}y = \frac{1}{3} + \frac{8}{3} => \frac{1}{6}y = \frac{9}{3} => \frac{y}{6} = 3$$

$$y = 3(6) => y = 18$$

Example 496

$$\frac{2}{3} - \frac{3}{2}x + \frac{1}{3}x + 4 = 0$$

$$-\frac{3}{2}x + \frac{1}{3}x = -4 - \frac{2}{3} => \frac{-9+2}{6}x = \frac{-12-2}{3}$$

$$\frac{-7x}{6} = \frac{-14}{3} => -7x(3) = -14(6) => -21x = -84$$

$$x = \frac{-84}{-21} => x = 4$$

Example 497

$$\frac{-4(10-x)}{9} = -4$$

$$\frac{-40+4x}{9} = -4 => \frac{4x}{9} = \frac{40}{9} - 4 => \frac{4x}{9} = \frac{40-36}{9}$$

$$\frac{4x}{9} = \frac{4}{9} => x = 1$$

Example 498

$$-2(3x+6) = 3(-x+12)$$

$$-6x - 12 = -3x + 36 => -6x + 3x = 36 + 12$$

$$-3x = 48 => x = \frac{48}{-3} => x = -16$$

Example 499

$$4(x-1) = -2(5x-3)$$

$$4x - 4 = -10x + 6 => 4x + 10x = 4 + 6 => 14x = 10$$

$x = \frac{10}{14} => x = \frac{5}{7}$

Example 500

$-2(x + 3) = 3(2 - 5x)$

$-2x - 6 = 6 - 15x => -2x + 15x = 6 + 6 => 13x = 12$

$x = \frac{12}{13}$

Example 501

$12(x - 3) = 4(2x + 6)$

$12x - 36 = 8x + 24 => 12x - 8x = 36 + 24 => 4x = 60$

$x = \frac{60}{4} => x = 15$

Example 502

$7(2x) - 8(x + 3) = 0$

$14x - 8x - 24 = 0 => 6x = 24 => x = \frac{24}{6} => x = 4$

Example 503

$4(-3x) + 4(2x - 3) = 0$

$-12x + 8x - 12 = 0 => -4x = 12 => x = \frac{12}{-4} => x = -3$

Example 504

$3(2x) - (8 - x) = 0$

$6x - 8 + x = 0 => 7x = 8 => x = \frac{8}{7}$

Example 505

$-5(2x-1)+2(3x+2)=0$

$-10x+5+6x+4=0 => -4x=-9 => x=\frac{-9}{-4}$

$x=\frac{9}{4}$

Example 506

$3(4x-2)-4(2-5x)-2$

$12x-6-8+20x=2 => 32x=14+2 => 32x=16$

$x=\frac{16}{32} => x=\frac{1}{2}$

Example 507

$0.25(4x-3)=0.5x-9$

$0.25(4x)-3(0.25)=0.5x-9 => x-0.75=05-9$

$x-0.5x=-9+0.75 => 0.5x=-8.25$

$x=\frac{-8.25}{0.5} => x=-16.5$

Example 508

$0.5(x+1)=-x+2.5$

$0.5x+0.5=-x+2.5 => 0.5x+x=2.5=0.5 => 1.5x=2$

$x=\frac{2}{1.5} => x=\frac{4}{3}$

Example 509

$1.2x-0.8=1.9x+0.2$

$1.2x-1.9x=0.2+0.8 => 1.2x-1.9x=1 => -0.7x=1$

$$x = \frac{1}{-0.7} => x = -\frac{10}{7}$$

Example 510

$$-0.7x + 2.2 = 1.8x - 0.3$$

$$-0.7x - 1.8x = -2.2 - 0.3 => -2.5x = -2.5 => x = \frac{-2.5}{-2.5} = 1$$

Example 511

$$-8(8 + x) - 6(7x - 3) = 54$$

$$-64 - 8x - 42x + 18 = 54 => \ -50x = 64 + 54 - 18$$

$$-50x = 100 => x = \frac{100}{-50} => x = -2$$

Example 512

$$5(8 - 6y) - 5(2 - 3y) = -60$$

$$40 - 30y - 10 + 15y = -60 => -15y = -60 - 40 + 10$$

$$-15y = -90 => y = \frac{-90}{-15} => y = 6$$

Example 513

$$-3(a + 6) - 2(3a - 4) = -55$$

$$-3a - 18 - 6a + 8 = -55 => -9a = -55 + 18 - 8 - 9a = -45$$

$$a = \frac{-45}{-9} => \ a = 5$$

Example 514

$$-40 = 4(b + 1) - 3(6b - 4)$$

$$-40 = 4b + 4 - 18b + 12 => -40 - 4 - 12 = -14b$$

$-14b = -56 => b = \frac{-56}{-14} => b = 4$

Example 515

$5(-2 - 3m) + 2(m + 5) = 5m - 4m$
$-10 - 15m + 2m + 10 = 5m - 4m => -13m - 5m + 4m = 0$
$-14m = 0 => m = 0$

Example 516

$-2a + 2(1 + a) = 3(a - 1) + 8$
$-2a + 2 + 2a = 3a - 3 + 8 => 3a = -5 + 2 => 3a = -3$
$a = \frac{-3}{3} => a = -1$

Example 517

$3x - 29 = 3(x - 3)$
$3x - 29 = 3x - 9 => 3x - 3x = 29 - 9 => 0 \neq 20 \; No \; Answer$

Example 518

$y - 1 = 7(y - 5) - (6y - 4)$
$y - 1 = 7y - 35 - 6y + 4 => y - 7y + 6y = -35 + 1 + 4$
$0 \neq -30 \; No \; Answer$

Example 519

$\frac{5x - 2}{3} = \frac{4x + 1}{2}$
$2(5x - 2) = 3(4x + 1) => 10x - 4 = 12x + 3$
$10x - 12x = 3 + 4 => -2x = 7 => x = -\frac{7}{2}$

Example 520

$$\frac{7x-8}{5}=\frac{2x+5}{4}$$

$4(7x-8)=5(2x+5) => 28x-32=10x+25$

$28x-10x=32+25 => 18x=57 => x=\frac{57}{18}=\frac{19}{6}=3\frac{1}{6}$

Example 521

$$\frac{-8x-1}{2}=\frac{5-3x}{6}$$

$6(-8x-1)=2(5-3x) => -48x-6=10-6x$

$-48x+6x=10+6 => -42x=16 => x=\frac{16}{-42}$

$x=\frac{-8}{21}$

Example 522

$$\frac{5(x+11)}{3}=\frac{3(x+1)}{2}$$

$10(x+11)=9(x+1) => 10x+110=9x+9$

$10x-9x=9-110 => x=-101$

Example 523

$$\frac{3(2+5x)}{4}=\frac{2(6x-3)}{5}$$

$15(2+5x)=8(6x-3) => 30+75x=48x-24$

$75x-48x=-30-24 => 27x=-54 => x=\frac{-54}{27}$

$x=-2$

Example 524

$$\frac{2(3x-5)}{3}=\frac{-4(x-2)}{7}$$

$$14(3x-5)=-12(x-2) => 42x-70=-12x+24$$

$$42x+12x=70+24 => 54x=94 => x=\frac{94}{54} => x=\frac{47}{27}$$

Example 525

$$\frac{1}{2}(2x-6)=\frac{1}{4}(8-12x) => x-3=2-3x$$

$$x+3x=2+3 => 4x=5 => x=\frac{5}{4}$$

Example 526

$$\frac{6}{6m+12}=\frac{-11}{7x-10}$$

$$6(7m-10)=-11(6m+12) => 42m-60=-66m-132$$

$$42m+66m=-132+60 => 108m=-72 => m=\frac{-72}{108}$$

$$m=-\frac{2}{3}$$

Example 527

$$\frac{2}{7x+3}=\frac{9}{2x-5}$$

$$2(2x-5)=9(7x+3) => 4x-10=63x+27$$

$$4x-63x=10+27 => -59x=37 => x=-\frac{37}{59}$$

Example 528

$$\frac{2}{3x+10}=\frac{1}{x-1}$$
$2(x-1)=3x+10 => 2x-2=3x+10 => 2x-3x=10+2$
$-x=12 => x=-12$

Example 529

$-3(x-5)=3(1-3x)$
$-3x+15=3-9x => -3x+9x=3-15 => 6x=-12$
$$x=\frac{-12}{6} => x=-2$$

Example 530

$-4-4(-x-1)=-4(6+2x)$
$-4+4x+4=-24-8x => 4x+8x=-24 => 12x=-24$
$$x=\frac{-24}{12} => x=-2$$

Example 531

$-2(-7x-8)=-39+3x$
$14x+16=-39+3x => 14x-3x=-39-16$
$$11x=-55 => x=\frac{-55}{11} => x=-5$$

Example 532

$24+8x=8(5x+8)+8x$
$24+8x=40x+64+8x => 8x-48x=64-24$
$$-40x=40 => x=\frac{40}{-40} => x=-1$$

Example 533

$5(x-6)=4(x-7)$

$5x-30=4x-28 => 5x-4x=30-28 => x=2$

Example 534

$\frac{3}{2}x+\frac{1}{5}=\frac{3}{4}$

$\frac{3}{2}x=\frac{3}{4}-\frac{1}{5} => \frac{3x}{2}=\frac{15-4}{20} => \frac{3x}{2}=\frac{11}{20} => 20(3x)=2(11)$

$60x=22 => x=\frac{22}{60} => x=\frac{11}{30}$

Example 535

$\frac{4+y}{3}=\frac{5}{6}$

$6(4+y)=5(3) => 24+6y=15 => 6y=15-24$

$6y=-9 => y=\frac{-9}{6} => y=-\frac{3}{2}$

Example 536

$\frac{3}{7}-\frac{1}{4}m=\frac{1}{2}$

$-\frac{1}{4}m=\frac{1}{2}-\frac{3}{7} => -\frac{1}{4}m=\frac{7-6}{14} => \frac{-m}{4}=\frac{1}{14}$

$-14m=4 => m=\frac{4}{-14} => m=-\frac{2}{7}$

Example 537

$\frac{1}{2}(4-a)=\frac{2}{5}$

$$2-\frac{a}{2}=\frac{2}{5}=>-\frac{a}{2}=\frac{2}{5}-2=>\frac{-a}{2}=\frac{2-10}{5}=>-\frac{a}{2}=-\frac{8}{5}$$

$$-5a=-16=>a=\frac{-16}{-5}=>a=\frac{16}{5}$$

Example 538

$$\frac{a}{2}=\frac{3}{4}+\frac{a}{3}$$

$$\frac{a}{2}-\frac{a}{3}=\frac{3}{4}=>\frac{3a-2a}{6}=\frac{3}{4}=>\frac{a}{6}=\frac{3}{4}=>4a=18=>a=\frac{18}{4}$$

$$a=\frac{9}{2}$$

Example 539

$$\frac{3}{4}+b=\frac{5}{6}-\frac{1}{2}b$$

$$b+\frac{b}{2}=\frac{5}{6}-\frac{3}{4}=>\frac{2b+b}{2}=\frac{10-9}{12}=>\frac{3b}{2}=\frac{1}{12}$$

$$36b=2=>b=\frac{2}{36}=>b=\frac{1}{18}$$

Example 540

$$5\frac{1}{2}+x=6$$

$$x=6-5\frac{1}{2}=>x=\frac{1}{2}$$

Example 541

$$m-1\frac{1}{2}=-\frac{5}{4}$$

$$m=1\frac{1}{2}-\frac{5}{4}=>m=\frac{3}{2}-\frac{5}{4}=>m=\frac{6-5}{4}=>m=\frac{1}{4}$$

Example 542

$$-\frac{3}{4}b + 1 = 2$$

$$-\frac{3b}{4} = 2 - 1 => -\frac{3b}{4} = 1 => -3b = 4 => b = -\frac{4}{3}$$

Example 543

$$x + 3 = -5\frac{1}{2}$$

$$x = -3 - 5\frac{1}{2} => x = -8\frac{1}{2}$$

Example 544

$$x - 1\frac{1}{4} = -6$$

$$x = 1\frac{1}{4} - 6 => x = -4\frac{3}{4}$$

Example 545

$$2\frac{1}{10}b = 1\frac{1}{6}$$

$$\frac{21}{10}b = \frac{7}{6} => 126b = 70 => b = \frac{70}{126} => b = \frac{5}{9}$$

Example 546

$$9\frac{1}{3}m = \frac{5}{3}$$

$$\frac{28}{3}m = \frac{5}{3} => 28m = 5 => m = \frac{5}{28}$$

Example 547

$$2\frac{1}{3}m = 3\frac{4}{7}$$

$$\frac{7}{3}m = \frac{25}{7} => 49m = 75 => m = \frac{75}{49}$$

Example 548

$$\frac{5}{6}x = \frac{4}{5}$$

$$25x = 24 => x = \frac{24}{25}$$

Example 549

$$\frac{2}{3}x = \frac{1}{2}$$

$$4x = 3 => x = \frac{3}{4}$$

Example 550

$$\frac{-1}{3}x = \frac{3}{5}$$

$$-5x = 9 => x = \frac{9}{-5} = -\frac{9}{5}$$

Example 551

$$\frac{-2}{3}y = \frac{4}{7}$$

$$-14y = 12 => y = \frac{12}{-14} => y = -\frac{6}{7}$$

Example 552

$$x - 2\frac{1}{2} = \frac{1}{-12}$$

$$x = +2\frac{1}{2} - \frac{1}{12} => x = \frac{5}{2} - \frac{1}{12} => x = \frac{30-1}{12} => x = \frac{29}{12}$$

Example 553

$$x + \frac{11}{12} = \frac{-11}{12}$$

$$x = \frac{-11}{12} - \frac{11}{12} => x = \frac{-11-11}{12} => x = \frac{-22}{12} => x = \frac{-11}{6}$$

Example 554

$$x - 1\frac{3}{5} = \frac{-4}{5}$$

$$x = 1\frac{3}{5} - \frac{4}{5} => x = \frac{8-4}{5} => x = \frac{4}{5}$$

Example 555

$$x + 3\frac{6}{7} = \frac{2}{7}$$

$$x = -3\frac{6}{7} + \frac{2}{7} => x = \frac{-27+2}{7} => x = \frac{-25}{7} => x = -3\frac{4}{7}$$

Example 556

$$x - 1\frac{1}{4} = -3\frac{1}{3}$$

$$x = 1\frac{1}{4} - 3\frac{1}{3} => x = \frac{5}{4} - \frac{10}{3} => x = \frac{15-40}{12} => x = \frac{-25}{12}$$

$$x = -2\frac{1}{12}$$

Manufactured by Amazon.ca
Acheson, AB